轻活主义 精致猪猪女的生活图鉴

［日］川上雪◎编著

雷光程◎译

民主与建设出版社

·北京·

前言

近来，女性明显变得更加忙碌了。

工作要求越来越高，社会要求也逐步严格。

回到家后，还有不少家务要做……啊！真忙！

我也是一名每天既要干大量家务活又要上班忙碌的女性。

有时工作上事情多的时候，甚至每天只能睡3个小时。

虽然有时会以"工作使我非常快乐，我要努力！"来鼓励自己冲击极限，

但是我发现，不休息的话，最后还是会更感疲劳，

思维会变得迟钝，工作效率也会降低。

"休息"就像一种营养补给。

周末及长假作为"大块的营养"，

基本能够被大家有意识地用好。

但另一方面，我希望大家能够着眼的是，

在工作日中能够获取的一些小份的"营养"，即每天的"小憩"时光。

对于睡觉、沐浴、用餐、舒展等普通的生活行为，

即使不去特别做什么，也能够使身体恢复活力。

只要我们在上述行为时稍加用心，便能够使身体更加放松。

在此之前，如果我们把房间的氛围营造得更加温馨，

心灵也能够一同得到休息。

无论是用餐还是沐浴，都有可能成为一种流水作业。

我想对有这些感受的朋友们说一句：

今天辛苦了！

回到家后，肯定有

许多想要做的事情吧。

那么今夜，请尽可能地放下手中的事情，

为自己好好地休息一会儿吧！

如果开始学会工作日里也能在家中小憩片刻，

那么周五时的筋疲力尽、

疲惫不堪感便会相应减轻不少。

今天是星期三，早点下班回家，

好好休息吧！

房间成为我的同伴。

而我，正在精神十足地回家途中。

1
CHAPTER
卧室
睡眠

浴室与盥洗室
清爽沐浴
2
CHAPTER

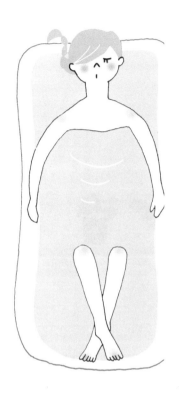

厨房与餐厅

烹饪、用餐 3

CHAPTER

4 起居室
CHAPTER 轻松休闲

玄关及其他 为了明天 5 CHAPTER

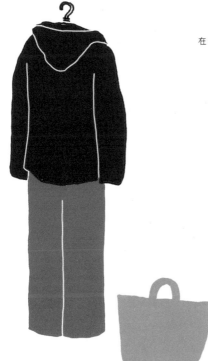

1

CHAPTER

- - - - - - - - -
卧室

睡眠

请这样想：
只要能好好地睡一觉，
今天的失败，
也算不了什么。

酣然睡下后，

"身体"和"大脑"便能得到休息。

如果时间不够，

只要稍微施加一些手段让大脑得到休息，

便能够提高睡眠质量了。

睡眠质量上升了，

深度的睡眠便能够

将积累多时的疲劳彻底消除。

引起睡意的灯光

那么，今晚请沉沉地睡去吧！通过调节照明，引起浓浓的睡意。

首先你需要准备一盏台灯，将其放置在距离头部斜上方 20 ~ 30 厘米处。请把房间里的大灯关上，让屋内如同剧场般暗下来，随后在台灯温馨的灯光下，静静地呆一会儿。

呼呼

夕阳落入海中时，光线渐渐暗下来，形成一段美丽的过渡。入睡前，不妨模拟自然界中的晨昏变化，慢慢进入梦乡吧！这样一来，身体便能舒舒服服地做好入睡的准备。

　　漆黑的环境，能够使大脑安静地休息。只要有一点光亮，眼睛就会保持转动，连带着大脑跟着工作，得不到很好的休息。今夜，请在漆黑的夜中睡下，晚安！

入睡时间表

睡前15分钟关掉房间大灯。

将床头的台灯打开10～15分钟。

睡意起来后将台灯关闭就寝。

舒适的被子

因为出差机会比较多，至今我已经在宾馆里体验过许多种不同的被子，知道什么样的被子有助于睡眠。要想睡一个好觉，重要的是能否在被窝中体会到"被包裹起来的安全感"。

被子的保温性固然十分重要，但现在按标准规格制造的被子大多都比较暖和，再加上有空调，所以不会感到有太大差距。比起保温性，被子压在身上的重量——"压力"的变化会对睡眠质量造成不同的影响。如果被子能够像紧紧拥抱般裹在自己身上，便有助于消除身体的紧张感，同时带来安全感从而促进睡眠。

选择好被子的关键是"围住肩膀"和"整体重量"。选择一床适合自己的好被子，能够使自身感受到被保护着的舒适感，也会让被窝变得更加舒适。

对被子整体重量的喜好因人而异

较轻的被子使人感到柔软，较重的被子则会带来安全感，具体的选择因人而异。

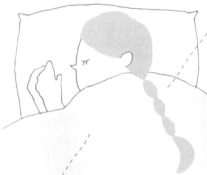

盖住肩膀和颈部之间的空隙

如果被子太轻，使肩膀和颈部之间产生空隙，便会影响入睡。出现这种情况，可以用毛毯或毛巾包裹住颈部来进行调整。

人们需要被包裹起来的安全感。如果了解一些关于材质的知识，便能更容易地找到适合自己的舒适被窝。

根据个人喜好调节被子的整体重量

如果被子太轻，可以再加一床贴身被子来提升"安全感"。反之如果太重，身体容易疲惫，此时应换一床重量较轻的被子。

被子的材质

较轻的羽毛被或化纤被，较重的一般是棉被。现在羽毛被很受欢迎，能够给人带来紧贴肌肤的柔软体验。

根据季节增减

冬天在身体下方铺一层毛毯会更加温暖，为你带来一个暖哄哄的被窝。

在床单下方铺一层吸汗床垫，对于夏天也喜欢盖被子的人来说最适合不过了。

15

头部朝向适合熟睡的

你是否知道，在同一个房间里，有的地方适合睡觉，有的则不适合？

决定一个地方是否适合用来睡觉，关键要看它与窗户、房门等"开口部分"的位置关系。这些开口部分是冷气、热气及灯光、声音进入室内的通道。例如，如果睡觉时头部朝向窗下，便会更容易感受到冷气流、热气流入房间。如果不能充分阻挡外界光线，就会出现睡不踏实的状

Where is My BEST?

远离房门

即便不可能有人进来，人们也会出于"担心"而无法放松。

在视线内时可进行遮挡

如果床头能看见房门，可在床边摆放家具或安装台灯等，尽量把头部挡住。

况。房门虽然不会有窗户这么严重的问题，但如果躺在床上时能够看到房门，人们通常会觉得难以放松。

鉴于上述，睡觉时请将床头朝向屋内一角或干干净净的墙壁，这样将有助于睡眠。

另一方面，睡眠是因人而异的，有着细致、敏感的要求。睡眠除受温度、灯光影响外，还受空调安装位置的影响，走廊、隔壁房间传来的声音也会对睡眠质量造成影响。实际操作中请多多尝试，找到最适合自己的头部朝向。

创造安静整洁的入睡环境

卧室这个地方，很容易成为杂物间。有些东西找不到地方放就会被放进卧室，有些东西不希望外人看到也放进卧室，于是像衣帽箱、旅行箱、大大小小的纸箱等便不知不觉间被堆放在卧室里。

其实，只要把这些杂物稍加移动，便能改善睡眠质量。

如果在床头附近摆放杂物，临睡前大量杂物映入眼帘，

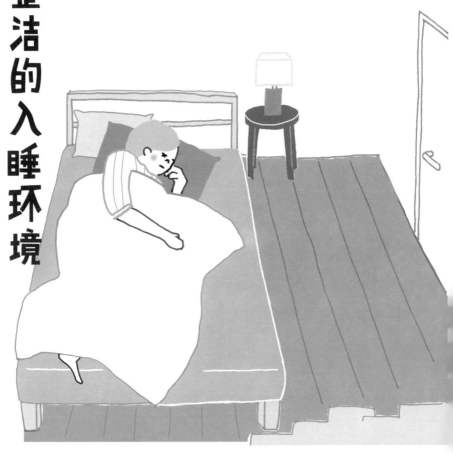

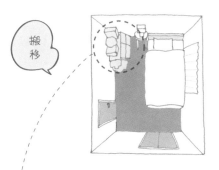

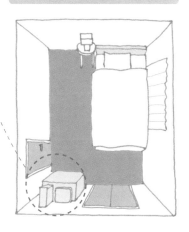

只会使人心情亢奋烦躁。只要将这些床头的杂物移至床脚，便能使入睡环境变得安静、整洁起来，有助于入睡。

对于"有些东西没有别的地方可以堆放"的人来说，可以在这些杂物上盖上大块自然色调的亚麻布，这样便会使杂物看起来不那么令人烦躁，从而变得顺眼起来。相信只要把眼前乱糟糟的杂物清除掉，一定能够睡个好觉！

BEFORE

① **确认床头的杂物**
清点床头有多少杂物。

搬移

② **寻找搬移地点**
要把杂物搬到睡觉时不在视野范围内也不阻挡房门和过道的地方。

③ **搬移**
将杂物整体搬走，并在新的地方码放整齐，之后固定放在此处即可。

AFTER

将床头边上的杂物移走

要点是，把杂物尽量全部移走。一下子空出不少地方，能够给人带来耳目一新的开阔感受。

适合自己的 舒适枕头

看、听、闻、感受、思考……今天大脑又累了一整天。睡觉时请用稍稍偏硬的枕头把大脑支撑起来吧！由于人的头部较重而颈部灵活、易动，如果枕头过于柔软，睡觉时容易不太稳当。打个比方，与柔软的雪纺绸相比，不如选择像巧克力布朗尼一样沉甸甸的枕头更好。

在舒适的枕头上一觉醒来后，一定能够感受到身体充满能量，并由衷感叹"睡了个好觉"。

悄悄话

适合自己的枕头有助于入睡哟！

真羡慕呀！

嗯，这个枕头很适合我。

悄悄话

悄悄话

更换床上织物色彩，使房间显得更加稳重

即使是现在在用的枕头，通过调整摆放方式也能提升睡眠质量。要点是，将颈部调整到与床垫平行的状态。

这样一来血液流动更加顺畅，人也更容易入睡。

1 握住枕头下端

用双手轻轻握住。

2 将枕头拉到肩膀处

拽住枕头下端，将其拉到肩膀处，填补颈部下端的空隙。

拽住下拉

3 将头部保持水平

通过上下调整下巴，使颈部与下方床垫保持平行。

活动头部进行调整

请留意以下常见误区

枕头太高或太低均不利于入睡

颈部向上或向下倾斜容易造成血液循环不畅，而难以入眠。

应避免松软材质的枕头

化纤或棉质枕头将引起相关部位肌肉不必要的紧张感。

枕头材质宜偏硬些

这样颈部四周较安稳，翻身也更方便了。

✕

统一床上织物风格的三项原则

仅仅因为"看起来很可爱"就能够感受到巨大幸福，是上天给予女性的特殊权利，或许也可以叫作特殊能力。

在卧室中，通过更换床上织物、选择更加好看的设计，的确能够给人带来好心情。同时，好看的床上织物还会使人因为想到"床看起来很可爱"而希望快点进入卧室，萌生早早就寝的想法。

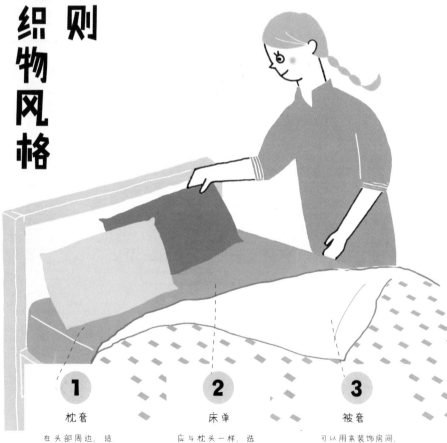

1 枕套

在头部周边，适合选择淡雅、稳重的颜色。

2 床单

应与枕头一样，选择稳重的颜色。选择自己喜爱的质地，就像购买内衣一样。

3 被套

可以用来装饰房间，所以应精心选择色彩和图案。

一般来说，床上织物有枕套、被套、床单三样基本物品。你可以购买成套的商品，也可以自己分别购买进行组合，享受其中的乐趣。

如果把三样基本物品中的"任意两样"成套搭配，便很容易形成整体效果，即便第三样东西花花绿绿的也不会造成影响。"看起来很可爱"就是这样打造出来的。

枕头选用不同的颜色。如果觉得过于朴素，还可以加一个靠垫作为点缀。

两件白色

这种方案选用白色的床单和被套，像宾馆一样显得气派、整洁，也让房间看起来更加宽敞。

由于床单和枕套都是深色，被套使用各种颜色都百搭。

用格调高雅的灰色打底

除被套外，枕套、床单均选用深灰色，比起全部使用白色，这种方案更加适合格调略显高雅的成年人卧室。

由于上层两件颜色统一，床单最好选择没有花纹的素色。

上层两件颜色统一

被套和枕套选用同一色系后，同色部分面积最大，使卧室显得更加美观。这种方案有许多成套的商品可以购买。

使房间显得更加稳重的推荐搭配

即使你完全不了解床上织物，也没关系。只要按照左图中的任意一种方案进行搭配，就能够轻轻松松把床装点得温馨美丽。

舒适的成年人卧室

表面的白色与底下衬托的淡灰色是成年人的色彩组合。同色系的床尾巾起到强调色彩的作用。这张床宽120厘米，稍小于双人床，但比一般单人床要大，采用这种搭配显得舒适、宽敞。

使房间显得更加稳重
更换床上织物色彩，

卧室中采用稳重的色调更加有助于入睡。被套和第二只如果接触身体的床单选用白色或灰色，整个卧室就会显得十分美观。枕头上稍加些花纹或颜色，

床单和枕套颜色一致，
形成"灰色衬底"。

床尾巾选用相同色系，
附带些花纹，起到很
好的强调作用。

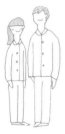

双人同床的寝室

枕套与被套选用相同的设计，条纹给人以清爽的印象。放上两个 50 厘米的大枕头后，如同国外的铺床风格。略显暗淡和浓重的色彩给人以稳重感。

摆上大枕头后如同国外的铺床风格。

被套和枕套选用同一色系的"上层两件颜色统一"的方案。

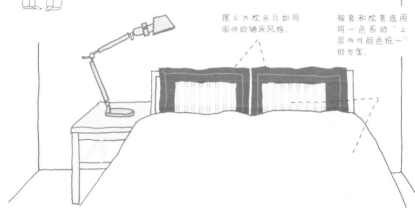

打地铺的卧室

摆放要点是不要显得松散。不管连续铺上几床，只要选用相同的被套都会显得清清爽爽。摆放好托盘、规定好放置杂物的区域后，更能使室内显得整整齐齐。

托盘能够提升室内格调，还能防止杂物散乱。

床单和枕套颜色统一。

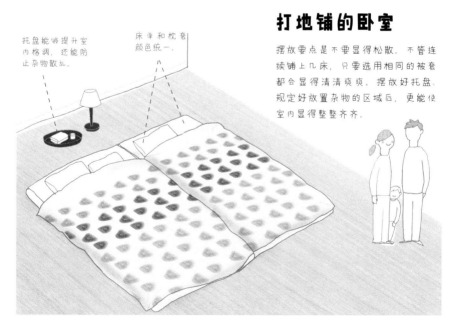

在枕边摆放曾经读过的书籍

让我们放松兴奋了一整天的大脑，引导它进入梦乡。

请在枕边放上一些书籍，最好是你熟读多遍、对内容和结局都了如指掌的那种。

虽然这是你喜欢的书，但是没有耳目一新、妙趣横生的感觉，在不断翻页的过程中，你萌生倦意。由于没有其他新的刺激，你会一直沉沉地睡去。

如果在哪一天的工作中大脑要不断思考并将思考内容转换成语言，这会使你感到十分疲惫，晚上就不要再去看新闻或者是与工作有关的内容。不妨读一读过去的书籍，试着用这种不同类型的"语言"抵消掉白天的疲惫。

理想枕边

有床头柜的话会很方便，尽量只摆放最需要的少量物品。

帮助入睡必不可少的台灯。

把皮筋、口红等收纳进小盒中。

摆放两三本书

把睡衣放进衣篮中，床边就能时刻保持整洁。

睡前推荐读物

《世界上没有发生的故事》
三浦丈典著

这是一本关于过去和现在的建筑师们未完成作品的随笔集。阅读这本书中美妙的文字，可以带领你前往那个未知世界的异度空间中翱翔。

《完美的孤独一人》
谷川俊太郎著

这是一本袖珍小巧的诗集，将近50首诗带给你的不是答案，而是一些没有答案的问题。这两本书都是以夜空作为封面的设计。

照亮卧室的经典台灯

台灯的选择要考虑室内的氛围和使用者的喜好。在选择时，你可以先想想自己对卧室的总体印象，综合考虑自身偏好，得出自己想要的台灯样式。

1

帅气工业风格

适合男子汉、工业风格的卧室选用

这盏工作台灯拥有可以弯曲的支架，如同艺术作品般显得十分帅气。这种台灯尺寸较大，适合宽敞的卧室。

52.5cm

选择台灯的要点是？

有三个要点。一是伸手可以摸到开关（方便睡前关灯）；二是外观要小巧（摆放方便 不占地方）；三是价格在 300 元左右（经济实惠 更换成本低）。

如果没有固定地方放置，可以将其摆在凳子上，这会显得更加帅气。

2

简洁现代风格

适合北欧、无印良品风格的卧室选用

灯座、灯罩均呈正方形，这种类型的设计给人以清爽的印象，适合风格简洁的房间。

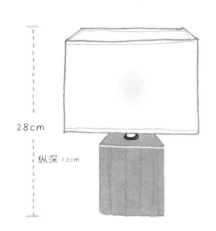

28cm

纵深 13cm

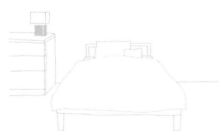

因为设计小巧、并不显眼，很适合不愿过多摆放东西的简洁型卧室

3

时尚可爱风格

将花纹、蕾丝作为辅助

底面宽敞的灯罩营造出十分高雅的气氛，与其他拥有花边、蕾丝装饰的物品十分般配。

49cm

把这种类型的台灯与装饰柜或边柜上时尚可爱风格的镜子、玻璃器皿放在一起，显得华丽而美观。

29

睡觉是一次重生

每天的睡眠，对于努力工作的身体和大量处理信息的大脑来说是一次重置的过程，具有重要的作用和意义。

自从我认识到这一点后，经常在上床前这样告诉自己：

"我即将前往天堂，重生后将回到床上"。

每天早晨醒来后，我的年龄都比昨日的自己长了 1 天。

即便某天上床时心情郁闷、感到无法入睡，只要想到这些，

内心便会明快起来。平日里，只要睡前想到还有一个崭新的明天和崭新的"我"在前方等待着自己，便会愉快地进入梦乡。

　　有时候，因为烦心事太多或者过于忙碌，即便想着"我要好好睡一觉"，也会出现睡不踏实的情况。这时候不必刻意去做什么，只要保持积极向前的心态，便能自然而然地进入梦乡。相信只要能做到这一点，就一定能够提升睡眠质量。

难以入睡的夜晚可以试着做这些事情

明天的学习汇报、工作进展、男朋友的态度……每天都会被这些小事牵挂着。内心软弱、身体沉重的日子，睡眠质量都会容易受到影响。

接下来将为你介绍一些在难以入睡时的助眠方法。你可以结合自身实际情况记下其中若干方法，相信能够对难以入睡的夜晚有所帮助。

用被子把脚架高些

如果当天双脚特别疲劳，也会影响入睡过程，可以把脚稍微垫高，促进血液循环。

闭上眼睛，回想快乐的事情

思考积极的事情能够使心情恢复平静。例如可以一边回忆过去愉快的旅行经历，一边暗示自己"该睡觉了"。

有意识地吸气，然后缓缓把气吐出

用鼻子吸气7秒钟，然后停住7秒，再用7秒从嘴里慢慢将气细细吐出。有规律的呼吸能够放松身体。

炎热的夜晚要将颈背部的汗水擦干

背上的汗珠紧贴床单容易积聚湿气，妨碍睡眠。

集中精力想象手脚正在呼吸

集中注意力，在脑海中想象自己的"手脚正在呼吸"。

寒冷的夜晚要使颈背部暖和起来

可以在颈背部（衣领下方）贴上热敷贴。

喝几口温热的牛奶

将半杯左右的牛奶放进微波炉里加热后喝下，身上会暖哄哄的。

伸展手脚，仰面平躺

稍微用力握紧双拳向上伸展，身体会感到放松。

泡脚能够快速温暖全身

向盆中倒入 42 度以上的热水，泡脚 10 分钟。

试着突然起身

如果一直想着要睡觉的事情，头脑反而会兴奋得睡不着，这时不妨猛地起身，让大脑复位。

小声播放广播

低声细语的谈话类节目能够让意识逐渐变得模糊。

入睡前严禁接受刺激

睡着看手机或电视，大脑容易受到强烈刺激而保持清醒状态。

从睡眠中醒来 的周期规律

你是否听说过，入睡后快速眼动期和非快速眼动期会交替出现，一个周期约持续 1.5 小时的说法？只要把握好这个周期性规律，选择在浅睡眠时醒来便会感到精神百倍。

我常常在需要"明天早上 5 点半起床"的紧急状况下按照这种方法设定闹钟。不知是不是心理作用，按照这种方法醒来后确实感到神清气爽，能够精神十足地出发上班。不管这种理论是真是假，我们都应该寻找各种方法使自己能够舒舒服服地从睡梦中醒来！

精神十足

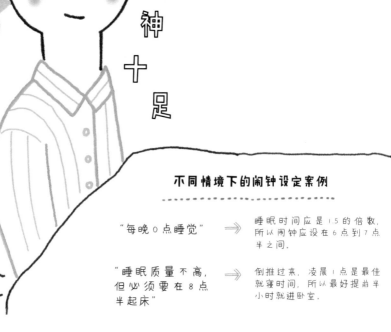

不同情境下的闹钟设定案例

"每晚 0 点睡觉" ➡ 睡眠时间应是 1.5 的倍数，所以闹钟应设在 6 点到 7 点半之间。

"睡眠质量不高，但必须要在 8 点半起床" ➡ 倒推过来，凌晨 1 点是最佳就寝时间，所以最好提前半小时就进卧室。

起床时的新习惯

　　早晨醒来后，首先伸一个大大的懒腰，然后离开被窝走向窗户或阳台，沐浴早晨的阳光。接着掀起被子，通风后铺平。

　　上述动作只要花 2 分钟左右的时间，然而就在这短短的 2 分钟里，不仅身心得以放松，而且被子也铺得整整齐齐。晚上托着疲惫的身体回到家中，看到整齐的床铺心情也会变得愉悦起来。

只要把图中三个角拉平，整床被子看起来便整整齐齐。

这件小事能够改善心情

只要从侧面把被子掀起，就能够很方便地铺平。

专栏
我的一些闲聊
睡不着的夜晚所做的事情

在心情烦躁、难以入眠的夜晚，我会毫不害羞地试着向丈夫提问。

"今天，你最喜欢哪一刻的我？"

过了一会儿，丈夫回答：

"我想说，是你津津有味吃饭的那个时候。"

原来是这样。虽然说是自己主动问来的，但今天的自己确实有让人感到喜欢的一个瞬间。想到这里，我的心情便得到些许安定。作为回报，我也会对丈夫说一个他今天令我喜欢的地方，然后便进入梦乡。

如果连续数日忙碌不断，总会有种自己已经消失不见的感觉。在这种时候，一些坚定有力的话语，能够使自己的内心安稳下来。即便不去直接问谁，通过回忆自己受到表扬和称赞的经历，也能帮助自己入睡。一旦内心平静下来，就能够快速进入梦乡。

顺便说一句，实际上丈夫的回答中，七成都是"你津津有味吃饭的那个时候"。虽然可能是他随口一说，但有这些话语总比没有要好。

2

CHAPTER

浴室与盥洗室

清爽沐浴

全身心投入，
为了自己，
把自己治愈。

今天早早回到家中？

不如来一场久违的泡澡吧！

那些积聚在内心、身体中的

沉淀物将全部顺水流走，

留下的是轻松、愉快的心情。

让自己变美的方法
从开始泡澡到入睡前，

回家早的日子，不妨尝试通过"晚上的特殊安排"来休闲一下？22点泡个澡，好好地犒劳一下自己。

充分张开脚趾，有助于解除疲劳。

22：00 泡澡

22：45 美容时间

在浴缸中把身体泡热后，坐一会儿凉一凉，便是入睡的好时机。泡澡时间在睡前2小时为宜。

泡澡后，肌肤保湿效果好，变得紧绷富有弹性。请心情愉悦地为自己做一次美容，同时也把头发弄干。

给自己做一会儿按摩，拉伸大腿肌肉，心情十分舒畅。

滑溜溜

嗯——肌肤和自己都得到了充分休息。

23：15
无所事事

在脚上还有余温时穿上袜子，趁肌肉放松时做一做按摩。舒展身体更加有利于血液流动。

23：45
上床

今天要好好地睡一觉，彻底放松身体。把手机放在房间一角充电，拒绝熬夜，赶快上床！

24：00
睡觉

关掉房间里的大灯后，打开床头的台灯，在睡意朦胧中进入梦乡。晚安，祝你睡个好觉！

今天泡澡！

呼！泡澡可以说是能在家中完成的而且最为便捷有效的放松方法。如果平日工作繁忙没有时间，只要每周抽空泡上一次澡，也是非常美好的事情。

每天工作时，都要努力把身体固定在相同的姿势，越是这样越会影响血液顺畅流动，造成身体疲劳紧张，难以得到放松。泡澡后，能够改善全身的血液循环，放松疲惫的身体。

当你感到全身由内到外温暖起来时，泡澡的效果就显现出来了。打个比方，就像煮土豆时，要使土豆熟透需要花一些时间，同理要使全身由内到外感到温暖，一般需要泡15～20分钟为宜。这样一来，身体便会像"土豆出锅"般"松软热乎"，从而感到温暖、舒适。

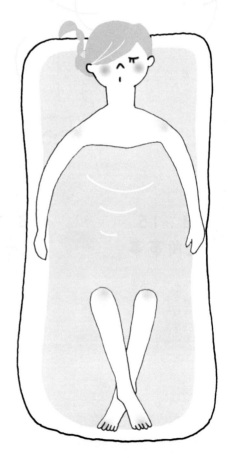

根据身体状态
选择洗澡水

建议根据想要达成的效果，区分使用：较烫、和、温热、的洗澡水。

除去浴室环境和季节因素，把手放入后能够感觉到烫的水至少有 42 摄氏度。感到、正好、有些温热、的水温大约在 8 摄氏度。

希望消除身心疲劳

40℃

较浅水位……

在稍稍温热的水中泡上 15 ～ 20 分钟，有助于解除疲劳。起身后如果感到浑身松软，便达到了效果。

希望驱除身上的寒气

40℃

较深水位……

洗半身浴时身体容易感觉到凉，可以试试多放些水，按照浸没肩部、浸洗头发、再浸没肩部…的过程反复几次，便会起到温暖全身的效果。

希望享受一次舒服的泡澡

42℃

普通水位……

比起消除疲劳，稍烫的洗澡水更适合希望体验桑拿般畅快的日子。在较烫的水中不宜久泡，感到心脏跳动加快时便可以起身了。

不必对温度数字过于敏感。如果水太烫可以放凉会儿再进去。如果水凉了也可以添加些热水提升温度。

如果你觉得准备洗澡水的过程有些麻烦

准备洗澡水大约要花 20 分钟左右，你可以利用这段时间专心同步做些别的小事。

卸妆和刷牙

一边放洗澡水，一边在盥洗室中提前做些晚上美容保养的准备

洗衣服和收拾房间

做些家务，边做边鼓励自己"完成后就可以泡澡了"。

来一次特殊矿泉浴（SPA）

在浴缸中添加：这个：

不妨试试利用生活中的物品提升泡澡的乐趣。

如果你是那种泡一小会儿便不耐烦想起身的人，

比起单纯的泡澡，能够怀着愉悦的心情浸入浴缸更加有趣！

改变视觉型

黑暗浴

隔离出一片异度空间

只要把浴室的大灯关上即可。明明是平日里司空见惯的一次泡澡，如今却如同身在另一个世界。在黑暗中打开一盏小LED灯，或者点上一支蜡烛，便能体会到十足的轻松氛围。

丛林浴

摆上些绿色植物

挑选几盆阳台上的绿色植物，放到浴室的窗边，使浴室看起来就像一小片丛林。只要有了这点绿意，即便是缺乏雅趣的浴室也能令人流连忘返。

播放音乐型

节奏感十足的音乐浴

把智能手机带入浴室

音乐浴不需要在浴室中安装音响，只要把智能手机带入浴室，便能充分享受音乐带来的乐趣。选上五首喜爱的歌曲，泡在浴缸里侧耳聆听，15 分钟的时光便不知不觉过去了。

优雅型

冷水浴

只有夏季才能享受到的乐趣

夏季的闷热常常令身体感到不适。不妨向浴缸里放一些温凉的水，洗一次冷水浴。如同桑拿之后，身体里的热量由内向外散发出来，令人神清气爽。

日光浴

休息日的乐趣

从白天就开始泡澡，听起来就有些奢侈，但这正是日光浴的精华所在，可以称得上是最好的休息。

芳香型

香气浴

散发着混合香气的原创洗澡水

将两种自己喜爱的精油混合起来，作为原创香料溶入洗澡水中。神奇的是，只要是自己喜爱的香型，无论如何配比，都会得到满意的效果。

柑橘浴

将橘子皮噗通一声扔进水中

橘子等柑橘类水果的果皮中含有大量芳香成分，将剥下来的橘子皮扔进浴缸中即可。如果是甜橙等果皮较厚的品种，香味将更加浓郁。

闻闻香气解除疲劳

我经常在内心烦闷、感觉"快透不过气"的时候尝试将精油掠过鼻尖，每次都能立刻感觉到心情出现好转。我一直为拥有这项"独门绝技"而怡然自得。几天前，我偶然听人说起，嗅觉是五官中唯一能够做到"在大脑做出反应前反馈感受"的器官。也就是说，香气入鼻后可以直接对人的感情产生影响。这恰恰说明，我自己摸索出来的通过闻香快速转换心情的小窍门也许是有一定科学依据的。

首先滴一滴在浴缸中

趁着洗澡水还热的时候，向浴缸中滴上数滴精油，香气便会借着热腾腾的水汽四散开来，请你用鼻子缓缓吸入这混合着香气的热气。

睡前滴在纸巾上

如果想在近处享受香气，不妨将数滴精油滴在叠成小块的纸巾上，然后放在床边。

精油的七种用法

通过加湿器扩散到室内各处

如果想让室内各处都充满香气，不妨在加湿器中滴上几滴。

我个人喜爱的精油香型

精油是 100% 从天然植物中提取的精华，可以放心用在皮肤上。

"佛手柑" 略带涩味的柑橘系。

"穗花薰衣草" 比普通的薰衣草闻起来更具野味。

没用完的精油可以全部滴入小苏打中

如果精油放置时间太长，建议不要用在皮肤上。为避免浪费，可以在一个玻璃器皿中加入两大勺小苏打，再滴入 5～10 滴过期的精油，作为除臭剂使用。

在手按式喷雾器中滴入数滴

在无水乙醇和精制水中滴入几滴精油，装在手按式喷雾器中，如厕后喷几下，可以起到除臭的效果。

自己喜欢的精油，一定要用尽最后一滴。

基本原则

在身体乳霜中滴上几滴

将无香型和液状身体乳霜的盖子打开后滴入几滴精油，洗完衣服后涂些在手上，能够为你带来好心情。

吸入鼻中

将精油的瓶子靠近鼻尖，左右交替吸气，顿时感到神清气爽，但注意吸气时不要用力过猛。

换一个好看迷人的花洒

　　即使是住在租来的房子里，浴室的花洒也是可以更换的。记住要自己动手换！

　　拆下原来的花洒并不需要什么特殊的工具。只需要用手一转便能取下，然后把新的装上去就完成了。花洒的种类很多，例如喷流式、美发式、节水式、手持开关式等。通过前往建材超市或网购，大约 200 元就能买到。

我个人在选择花洒时，不会刻意追求价格高的产品，而倾向于购买那些喷头尽可能大的花洒，因为我觉得足量热水打在头顶时特别舒服。当大量细长的水柱从花洒中射出时，我甚至会看得入迷，觉得自己家里的这只花洒独一无二。

　　即使是热衷于淋浴的人，如果能够喜欢上泡澡的话，也会给自己的心情带来改变。

花洒的更换方法

同时握住软管和喷头

一只手握住喷头，另一只手握在软管顶端金属部件处

逆时针转动

将喷头部分旋转取出，如果不好转动，可以先用毛巾包住。

安装新的喷头

顺时针旋转装上，整个过程通常只需花费15分钟左右。

有时候会出现新的喷头与软管接口处对不上的情况，这时可考虑购买对应的转接卡口。

出浴后披上最好的浴巾

泡完澡后，披上一条柔软的浴巾，这件事情想想都让人觉得十分惬意。

出浴后，请试着用喜爱的浴巾盖住脸蛋，心里默数"1、2、3"，让思想沉浸在柔软的浴巾和舒适的心情中。这是对一次充实的泡澡最好的总结。

如今，日本市场上的浴巾日新月异，有纤维织成的，有纱线纺成的，还有不少是用新型材料做成的……不同材料制成的浴巾，柔软程度也各不相同。

即便是对浴巾没有什么关注的人，基本上也分为喜欢硬质材质和柔软材质两种类型。要想买到舒适好用的浴巾，除了要看自己的基本喜好，还应考虑是否方便清洗。

合自己的浴巾
准备一条最适

决定浴巾手感的是上面一个个的小线圈。线圈的长度不同，毛巾手感的软硬程度也不同。

柔软	VS特征	硬质
毛线圈较长	特征	毛线圈较短
柔软、蓬松	手感	稍硬
有点容易掉毛	清洗	不怎么损耗
微纤维（化纤）快干性好	快干性	较厚的类型不太容易干
纱布面料吸水性不错	吸水性	华夫格面料吸水性好
无捻线，绉布面料是柔软材质的代表。可查看商品标签里是否有相关字样。	购买时的要点	如果商品上写有"宾馆适用"，一般意味着比较耐用。

使浴巾用起来更加舒适的方法

入浴前准备好浴巾和新衣服

将浴巾和新衣服叠好放在盥洗室中，方便洗完澡后立即使用。流畅的衔接感令人十分惬意。

摆放时"折线"朝前

"折线"统一朝前，能够使浴巾摆放得像宾馆一样整齐，视觉效果十分舒适。

通过清洗保持柔软蓬松

清洗过后，晾干时将浴巾对折，用手握住两端轻轻摇晃，使纤维恢复蓬松。

自我按摩放松的方式

几天前，我听人说起，多国研究表明，久坐容易导致下半身血液流动不畅，影响代谢机能，提高患病风险，总之"终日久坐的危害堪比吸烟的危害"，令"久坐族"的我感到十分不安。

工作时每小时起身一次能够有效减轻身体的负担，为此首先要注意避免久坐不动。此外，泡澡前后，我们还可以适当地给自己做一些按摩。

我想起以前接受传统泰式按摩时，大多作用在下半身，尤其是大腿和小腿肚这两个地方。在泡澡前后做些按摩，与什么都不做相比，身体会明显感到放松。

入浴前

缓缓转动脖子

不仅是下半身，脖子也容易僵硬。通过顺时针、逆时针转动，慢慢地消除颈部的疲劳。

转动脖子，在感到疼痛处停留5秒左右，这样可以放松肌肉。

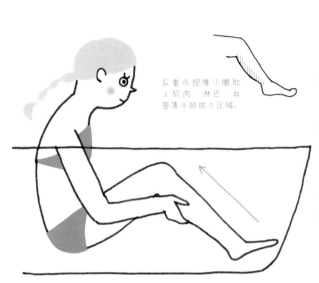

入浴中

应重点按摩小腿肚
上肌肉、淋巴、血
管集中的这个区域。

按摩小腿肚

从下至上单向按摩小腿
肚，可以帮助缓解腿脚
前端不畅的血液。

用手自下而上按摩小
腿肚，拇指可稍用力，
令人感觉更加舒适。

出浴后

拉伸大腿内侧

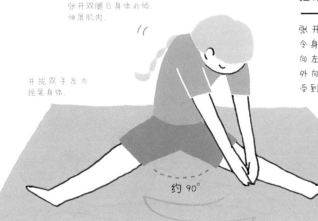

张开双腿后身体前倾，
伸展肌肉。

并拢双手左右
摇晃身体。

约90°

张开双腿，并拢双手，
令身体向前倾倒，向右、
向左微微摇晃身体，由
外向内，体会大腿内侧
受到拉伸的舒适感受。

浴室档次提升计划

当你从远处望见浴室，心想"啊，很久没有泡澡了，很想泡一次"时，如果浴室环境优雅，很上档次，即使不像矿泉浴（SPA）那样奢华，也会使人感到心情舒畅。

现在很多公寓楼都会安装洁白、统一的整体浴室。虽然这种设计看起来干净、整齐，但是如果参照黑白相间的风格，向其中适当加入一些浓重的深色进行装饰，将会显得更成熟、稳重。纯白色的空间在视觉上平面感过强，在底面部分适当添加一些深色，能够起到收束的效果，这是室内装饰设计时经常用到的理论和技巧，同样适用于浴室。

如果人们晚上在浴室中能够感到充实和满足，相信内心也会觉得"白天的努力是值得的"。

用深色提升档次

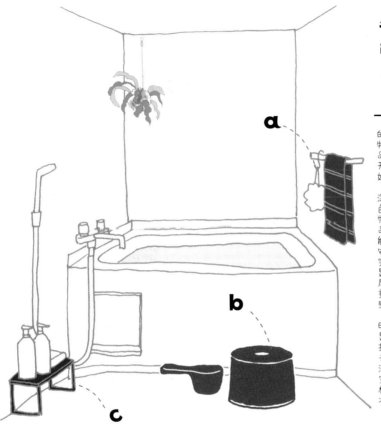

请注意图中三件选用深色的物品。

如果你在实际操作中只能做到其中一部分时，请尽量从脚下附近的物品开始。深色物品能够突显厚重感，明显提升浴室档次。

以下方案供你参考

瓶子和架子中有一件是深色的

二者中须有一件是深色的，例如，如果架子是白色的，瓶子可以使用褐色。

椅子和打水瓢均使用深褐色

建议选用不刺眼的深褐色。小巧的打水瓢使用起来很方便。

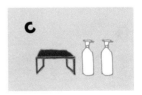

悬挂类物品中，毛巾可选用深色

浴花（左）是球状的，如果颜色黑乎乎的，看起来比较脏，毛巾则不会有这个问题。

提升浴室格调的 三种物品

要使一个物品看起来很酷，有三个要素：一是有视觉冲击力的外观；二是采用深色色调，三是成熟利落的气质。拥有这些要素的物够显示品位，调节气氛。下面我将为你展示几件这样的王牌产品。

1

推荐物品

黑白风格包装

真想和这样的替换瓶并排站在一起

这款替换瓶在外观上可谓浴室用品中的"帅哥"，给人留下强烈的视觉印象。摆上一个，能使浴室看起来很棒。

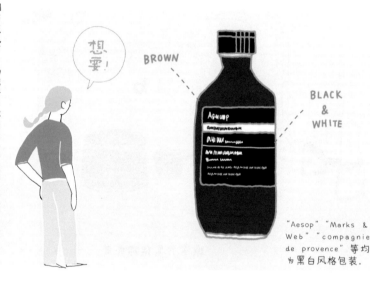

想要！

BROWN

BLACK & WHITE

"Aesop" "Marks & Web" "compagnie de provence" 等均为黑白风格包装。

以白色为主色调的浴室里适合添置什么样物品？

假如只能添加一样，我会建议你选择拥有黑白风格包装的替换瓶，既看不到里面装了什么，黑白风格的标签也很般配。

与普通的瓶子摆放在一起，便能感到它酷酷的气质。

2

推荐物品

黑色的浴巾

使氤氲朦胧的浴室瞬间显得分明

平淡无奇的墙壁之间，一条深色的浴巾格外引人注目。

3

推荐物品

无土栽培的绿色植物

悬挂在高处观赏

浴室中放入些来自大自然的植物，能够使氛围变得更加柔和。

DARK GRAY

挂上毛巾架后，就像在墙壁上装饰了一幅壁毯

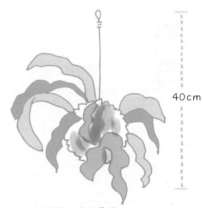

40cm

举例来说，这种蕨类植物的叶子很有特色，适合悬挂欣赏。

挂得太过随意不够美观，建议对折好后整整齐齐挂在毛巾架上。

在墙上装好挂钩，将蕨类植物悬挂在距离顶棚35～40厘米处，这样便可以在泡澡时仰头观赏。

盥洗室整理前后

公司突然发来一条信息："原定的磋商推迟一周"。看着之前安排得满满当当的日程一下少了很多，心中自然会感到卸下许多重担。

家中也是一样。如果之前放满杂物的地方有一天被收拾、腾出"空间"，人的心情也会随之感到舒畅。东西被清走得越多，室内越显得整齐，人的心情也越发舒畅。

如果你觉得自己家的盥洗室显得局促，或许这正是因为"留白"不够。相信只要将一些杂物稍加清理，就能够为生活增添便利。

让盥洗变得更加舒适的：留白：的好做法

在手边附近留出一些：空白：的区域，用来临时放置浴巾和换洗衣物，提升日常生活的便利性和舒适感。

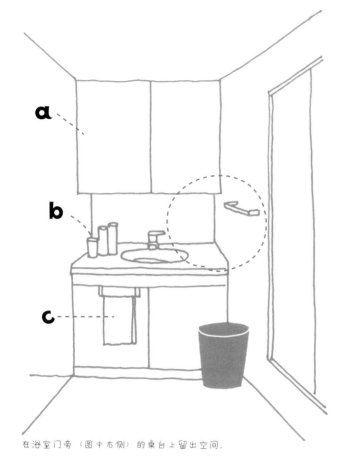

在浴室门旁（图中右侧）的桌台上留出空间。

这些事情你都能做到

有些杂物可以收纳起来

应尽量把一些平时使用机会不多但一直堆放在台面上的杂物收纳进橱柜里。收纳柜子里的东西越多，台面上便能相应节省出更多的空间。

瓶瓶罐罐集中放置在一处

将散落在洗脸池两侧的各种杂物集中至一侧，这一步将为台面留出一大块空间。

改变毛巾的位置

不要把毛巾挂在洗脸池旁，这样能够留出一些空间，可以把毛巾架安装在腰部以下的位置。

在风格朴素的盥洗室中铺一块地垫

在狭窄却"精致"的盥洗室中，即使是在把头发吹干这样的片刻时光，也会让人觉得心情舒畅。

换衣、刷牙、洗衣……盥洗室功能繁多，究竟要怎样装饰，才能做到吸引眼球呢？对于盥洗室这类区域，我推荐可以铺一块地垫。地垫尺寸应尽量大一些，可以选择较为鲜艳的颜色和个性化的图案，以此带来较好的视觉效果。相信经过这样稍加装饰，你一定能够发现盥洗室的可爱之处。

暂且不论个人偏好，选择地垫时首先需要考虑的因素，是盥洗室面积狭窄、杂物众多的现实问题。地垫的大小至少应与洗脸池相仿，适当偏大更佳。

狭窄的盥洗室

纯白色地垫

白色能够使视觉开阔，让人感觉房间变得宽敞了。地垫最好带有一些暗纹，这样即使是纯白色也不会显得单调。

杂物较多的盥洗室

纯彩色地垫

这种地垫要比其他杂物显眼得多，容易引人注目。如果不喜欢太艳的色彩，也可以选择深色系。

空旷的盥洗室

单色带花纹地垫

如果盥洗室没什么杂物，显得空空荡荡，可以考虑铺一块带花纹的地垫起到填补的作用。如果感觉花花绿绿的风格显得幼稚，不妨选择黑白风格。

加上这些效果更佳

在地板上放置由天然材料制成的篮筐

可以给冷冰冰的地砖带来些许温馨。

与地垫同一色系的生活用品

选用同一色系的生活用品，使得室内风格更加统一。

肌肤的夜晚
用试用装护理

当有店员发放洗发水、美容液的试用装时，我总会大方接下，不知不觉攒下不少。也许是拿到后觉得自己"总有一天会用到它们"，我一直小心翼翼地保存着。

心情郁闷的时候，就打开一包试用装，体验一次与平日不同的护肤过程吧！不必借酒浇愁，只需要为自己做一次深度护理。"啊，这香味闻起来真不错"，当注意力不再集中于烦心事上时，堵塞心情的忧愁自然也就烟消云散了。

提前选一些装在小袋中，今天的任务就是把这些用完！

将各种试用装用完后，原本塞满的抽屉将变得清清爽爽。

把水龙头上的污垢
擦拭干净

可以用纸巾擦拭，连同
掉落的头发一块清理。

最后记得把盥洗室
打扫干净

倾斜摆放盥洗室用品
有利于通风

将盥洗室里的用品倾斜
摆放，有利于通风、散热、
防霉。

检查地板上是否落有头
发，发现后及时清理

不知不觉间地板上会落些
头发，要及时发现和清理。

离开盥洗室时请稍稍回
头，除了感叹"啊，心情真好"
外，还不要忘了稍微打扫一
下。这种打扫不需要花太多
功夫，只是为了明天早上再
次使用时能够保持好心情。

专栏 　　　　我的一些闲聊
在心情低落的日子里如何泡澡

在心情万分低落的日子里，我是这样泡澡的。

首先，平躺在浴缸中，脸朝上看。

接着把头部沉入水中。

睁开双眼，重复以上动作。这样做能够感到自己从现实生活中"脱离"出来。

当自己做了错事、蠢事，感到无比烦恼与自责、心情十分低落的时候，通过这套办法，心中的忧愁很快就会烟消云散。

啊，真清爽

浴缸，谢谢你！

"职场的世界"正在变得越来越完美，没有什么是多余的，也不允许有什么失误和缺陷。这种发展趋势无可非议，只是态度认真的女性朋友们为了适应这一变化正在竭尽全力地努力，但这些努力似乎有些超过限度。

所以，请你至少在家中为自己留出一块可以自由、任性甚至有时做些傻事的空间吧。相信把心中的郁闷、纠结排出后，一定会有新鲜空气填补进来。

3

CHAPTER

厨房与餐厅

烹饪

用餐、

细嚼慢咽。
今天能做到这一点，
就是满分了。

吃饭是为明天充沛的精力做准备的。

虽然明白这一点，

疲劳的时候还是不容易做好。

所以，要借助这样或那样的方法，

使自己看到食物时带着喜悦的心情。

加班族晚间救急食谱

体力恢复啦！

制作方便，前一天晚上做好，第二天一早即可食用

中式粥品

制作方法：1. 将大米倒入1.5升沸水中，加入盐和鸡汤调料入味。 2. 约煮3分钟后停火，盖上锅盖放置一夜，早上再次加热即可食用。夏天食用时小心较烫。

非常有用的食材！可以利用周末提前备好

鸡肉火腿

制作方法：1. 提前一天将食盐、砂糖各一大勺，鸡胸肉两片放入保鲜袋中，放置一天时间；2. 用保鲜膜将1裹成圆筒形，浸入沸水中煮3分钟。3. 盖上锅盖，放置一晚即可。

当人们深夜拖着疲惫的身体回到家中，哪里还会有力气做饭，就连张开嘴巴随便吃点什么都会觉得麻烦。

接下来，我愿向你介绍几道实用简单的美食，解决加班晚归后没有时间做饭、缺少食欲等问题。例如，粥类虽然分量不多，却能够帮助你很好地消除饥饿感；意式蔬菜

arrange menu

滴上几滴泰式酸辣鱼酱，多放些香菜。

只有面包时可以考虑制作三明治。

只有沙拉时也要注意补充蛋白质。

加入鸡蛋和炒肉后便是一顿丰盛的晚餐。

考验烹饪中的运用能力！比咖喱更加美味

意式蔬菜浓汤

制作方法：1. 用大蒜、一罐西红柿罐头、半个洋葱制作番茄酱；2. 将蔬菜切成 2 厘米的菜丁，炒熟后倒入一升水炖煮后，放入做好的番茄酱，最后加入适量白糖、食盐调味。

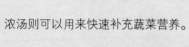

浓汤则可以用来快速补充蔬菜营养。

　　无论冬夏，温热的菜肴能够使人的肠胃更加舒适，促进身体加速恢复。当你身体疲劳时，正需要多吃些东西！

芝士配上米饭，做成意式汤饭。

只有面包时也不要忘记吃些蔬菜。

提升美味指数
巧用色彩搭配

在素汤面上洒上一些翠绿的葱花后，立马会让人觉得面条更加美味。小小的葱花在很大程度上改变了人们对于食物的看法，这就是色彩的效果。

又如，即使是昨天剩下的饭菜，只要放在格调高雅、色彩鲜艳的午餐桌垫上，便如同新鲜的菜品一样令人垂涎。把饭菜盛放在漂亮的餐具里，看起来既美味又养眼。

如果觉得尺寸较大的餐具不好入手，也可以先买些小巧的碗碟。虽然模样袖珍，但在促进食欲方面和葱花有一样立竿见影的效果，有兴趣的话不妨尝试一下。

一啧啧

手边餐具的色彩对比看起来如何？

平淡无奇的晚上，有了色彩鲜艳的器皿和托盘，饭桌也会显得更加丰盛。

小碗、餐垫、托盘……有了这些小物件的衬托，手边的餐具也会显得更加漂亮。

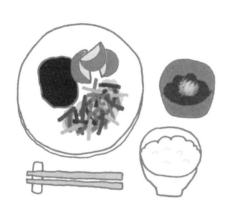

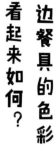

红色的餐垫可以刺激食欲

红色代表活力，与褐色的下酒小菜显得十分融洽。为避免色彩凌乱，特地选用了纯色餐垫。

白色为主的餐桌上，琉璃色十分显眼

琉璃色的小碗与碧绿的青菜十分般配，同其他白色餐具摆在一起，更使得餐桌看起来清爽养眼。

饰有柔和木纹的塑料餐盘

木纹几乎可以用于各种就餐环境，浅色比深色适用范围更广。

野餐式的晚餐

经常自己做晚饭的话，很容易在相似的时间、相似的地点，品尝相似的菜品和味道。啊！感觉自己快要厌倦这种生活了。

要想打破陷入审美疲劳的困境，不妨尝试进行"野餐式晚餐"。将晚餐饭菜放在托盘里，端往自己喜爱的场所用餐。就餐时眼前的景色发生变化后，即使是早已吃惯的家常便饭，你也能从中品味出不一样的新鲜口感，并找回自己内心对美食的期待。

需要准备的东西

① 晚餐主食：只有一道菜吃起来最方便。
② 筷子、杯子：将自己常用的餐具一并放入托盘中。
③ 托盘：要想把各类物品全部装下，宽度要达40厘米左右。
④ 茶壶：好处是可以节省往返厨房续茶的时间。
⑤ 餐后甜点：一并放入托盘，晚餐后食用。

in kitchen

在厨房里享用刚刚做好的饭菜

在烹饪的地方吃饭，有一种进行现场直播的感觉，自己就像一名专业女厨，可以一边为下周的半成品做准备，或者一边制作精致的菜肴一边享用自己做好的美食。

near balcony

靠在坐垫上慢慢享用

在视野开阔的场所用餐心情也会变得舒畅。夏天可以吹着凉风，冬天可以欣赏月亮。

on sofa

一边观看足球比赛一边用餐

无拘无束的姿势带来畅快心情，身在自己家中，偶尔不妨尽情放松。

晚饭开始前为工作时间画上句号

　　"我想好好享受吃饭的时间""我想慢慢品尝食物"，每个人都有这样的愿望。但是，平时我常常因为感到匆忙，想要尽量在用餐上加快速度。

　　每当出现这种情况，我都会在饭菜面前闭上眼睛，花15秒左右的时间，双手合十。这算不上是祷告，我只是会花一段比较长的时间说出"我要开动了"，在脑海中浮现出"今天我努力了""虽然出现了各种事情，但现在要吃饭了、要吃饭了"……这样一来，我便能够把心从纷繁的工作中收回来。当我重新睁开眼睛的时候，我感觉到内心十分宁静。

啪！双手合十、闭上双眼。这样一个小动作能够给忙碌的一天画上句号，使不断向前快速流逝的时间由自己掌握。

令人感到轻松的餐桌

用轻松的姿势席地而坐，靠在矮饭桌旁

席地而坐的餐桌

不要让地板上的杂物出现在视线范围内，可以将其收纳进墙角旁的空隙里。

用靠垫隔开充满生活气息的睡床，更好营造就餐氛围。

人的身体非常神奇，可以通过吃进东西并慢慢消化的这个过程来放松自己。用好这个功能，每天吃饭也可以成为一次休息。

为了保证肠胃正常工作，重点是要做到细嚼慢咽。只要把桌上的杂物清理干净，选择一个好的方向坐下，便能感受到轻松、悠闲的就餐氛围了。在这样的环境里吃饭，眼睛只会专注于饭菜，自然就能做到细嚼慢咽了。

坐在餐厅的饭桌上

带餐椅的饭桌

没有人坐的椅子上也尽量不要摆放杂物。

高大的家具容易带来压迫感，最好摆放在身后。

促进谈兴的"L字形"坐法

用餐时无话不欢，摆成"L字形"后交流起来更加方便。

面朝景色优美的方向坐下

风景好的地方视野开阔，有助于放松身心。

"干干净净"的餐桌

餐桌上尽量不要留下杂物，干净整洁有助于增进食欲。

装饰餐桌旁墙壁的创意

挂画

将画装裱在木框中，能够明显提升餐桌四周的品位。如果是一面较大的空白墙壁，可以考虑挂一幅A4大小的画作。

30cm

25cm

NY
auu

参照主体绘画的主题和色系，搭配一张明信片会显得更有情调。尺寸上可以一大一小，相互呼应。

NY
auu

即使是租来的房子，也可考虑从无印良品等地购买墙壁收纳架装上，纵深约12厘米为宜。

咖啡馆或咖啡店里的装饰画，在一些有闲情逸致的顾客眼中，就像是鸟儿栖息的树木一样，让人感到悠闲自在。毕竟比起纯白色的墙壁，装饰画更能吸引顾客驻足停留。

如果你的餐桌前正好有一面白墙，不妨也试着装饰一下。相信这会令你感到放松，餐桌旁的时光也会更加惬意。

加装小型收纳架

可以把音箱、花瓶摆在上面，成为一个迷你展示台。架子可以稍微装得低一些，以便欣赏上面的展示品。

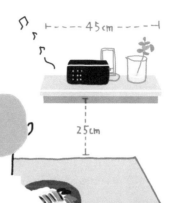

架子可以选用无印良品的"壁挂式架子"，即便房子是租来的也可以放心安装，纵深约 12 厘米。

悬挂绿色植物

模仿眺望车窗的感觉，一边欣赏自然风景，一边用餐。茂密的绿色植物适合从高处悬挂起来，让花叶垂下。

这里悬挂的是取材自空气凤梨和桉树制成的干花。用麻绳捆扎后挂在钉子上即可。

今夜独自小酌

好的酒杯就像一个充满香气的圆顶建筑。当酒杯接近鼻子或真正喝进口中时，能够感受到不同的香气，不禁让人陷入沉思。

平常在家中喝酒时，我对杯子没有什么特别的要求，但为自己的爱酒添置一只专用酒杯也并不为过。

每当把杯子从架子上取下来并摆上下酒小菜时，我的内心便开始充满期待。

适合各类饮料

有了这些东西，在家里喝酒将更加有趣

搅拌棒

这款搅动棒在搅动时的视觉效果很好。

装下酒菜的小碟

一只较深的小碟适合各类下酒小菜。

没有高脚的玻璃杯

没有高脚的玻璃杯适合各类饮料。夏天我用它喝莫吉托鸡尾酒，冬天则用来喝红酒，感觉有一只这样的杯子就足够了。

毕竟机会难得

就用漂亮的玻璃杯来装酒吧

喝红酒时

喝啤酒时

喝威士忌酒时

用威士忌杯抿一小口

威士忌杯的特点是开口宽敞，杯身较低，用这种沉甸甸的杯子喝酒，能够在家里感受到酒吧的氛围。

喝啤酒要用壁薄的玻璃杯

壁薄的玻璃杯质量较轻，便于手拿，适合用餐时边吃边喝。啤酒最好是喝冰镇的。

有情调的红酒杯

红葡萄酒的杯底应稍宽，白葡萄酒则使用细长型的杯子，这是基本原则。根据酒的种类不同还有一些其他细节和规矩，但是只要把握原则就不会有太大出入。

在厨房中休息片刻

吉本芭娜娜的小说《厨房》开篇写道，"在这个世界上，我最喜欢的地方就是厨房"。是啊，我相信很多人都这么想。

我希望能够充分享受悠闲的烹饪时光。自在地坐在灶台旁，一边翻看菜谱，一边等待萝卜在锅里咕噜噜地闷熟，等待香喷喷的松饼烤好。

厨房是用来"做饭"和"吃饭"，为人的健康活力提供正能量的地方。我一直感到，只要身处厨房中，心中就会充满无形而巨大的能量。

将厨房布置得像房间一样

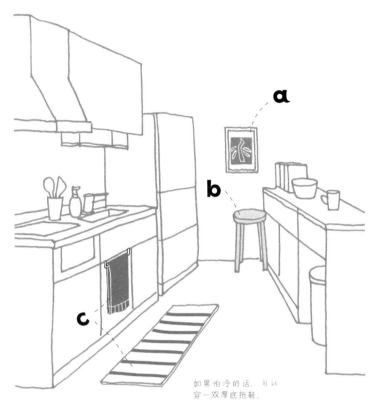

经过布置后，厨房也能变得像普通房间一样舒适惬意，关键在于开辟了一片可以坐下来休息的区域。

a

b

c

如果怕冷的话，可以穿一双厚底拖鞋。

把这些东西置办起来

a

一套可以增添情调的纺织品

成套的地垫和毛巾，更加富有生活气息。

b

用途多样的矮凳

一把小矮凳既可以用来坐，也可以用来临时放东西。

c

装饰在墙壁上，提升第一印象

在远离明火的墙壁上挂一幅漂亮的剪贴画或者海报。

值得拥有一件的好物

以丰富烹饪技术！下面推荐的这些小工具，就能够为厨房增添不少亮点。

虽然厨房里不宜放太多杂物，但有些东西值得拥有，不仅能够提升室内情调，还可

用搅拌丰富烹饪技术

搅拌难以徒手做好，但有搅拌器作为辅助，便能够轻松完成，好比又多了一项实用的烹饪技术。

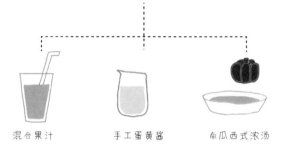

混合果汁　　　手工蛋黄酱　　　南瓜西式浓汤

带盖玻璃容器

方便、实用

能够在细节之处提供便利是最令人满意的。如多用于贮存，可选用方形容器，如想作为小碗使用，则可选择圆形容器。

用于冰箱分　　装些佐料放在饭　　盛放一点冰淇淋
类整理　　　　桌上，利于保存

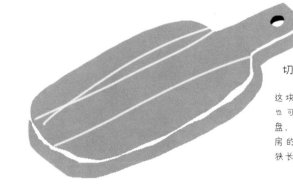

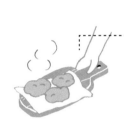

实木砧板
切好后直接端上餐桌

这块木板既可以作为砧板，也可以作为盛放菜品的托盘。拥有它可以明显提升厨房的情调。长约30厘米的狭长款式最佳。

便于烹饪时中转食材　　　　盛放下酒小菜　　　　摆放面包

罗勒盆栽
随时享受清新香气

"甜罗勒"（价格5～10元）既容易种植，又可以用来食用。我在自家厨房的窗户旁就养了一盆罗勒，每隔数周就能把长出来的叶子吃得干干净净。

罗勒糊的做法

将10片罗勒叶片与大蒜、盐磨碎搅拌，倒入一些橄榄油拌匀即可。

放几片在沙拉上　　放几片在番茄酱上　　餐后来一杯罗勒糊

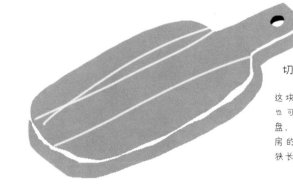

来吧——布置得可爱一些

如果爱美的你希望把厨房布置得更加令自己满意和喜欢，不妨尝试用些款式统一的瓶子进行收纳。这种方法非常受欢迎，而且从未失败过，往往令初学者感到惊喜。

这种收纳方法的要点是，使用款式统一的瓶子。统一的款式看起来十分整齐和有规律，能够将原先杂乱无章的厨房收拾得井井有条。

如果准备把瓶子摆放在厨房吧台或者其他显眼的地方，比起粉面类的东西，最好在瓶中放些谷物、意面、坚果之类，这会使厨房显得更加可爱。

摆好后，可以从近处和远处分别欣赏一下自己的杰作，暗自得意地乐一会。看到厨房变得更加可爱后，相信心情也会有些激动吧。

这款瓶子适合你！

我家适合哪种瓶子呢？如果你有这样的疑问，请看这里。

从所装物品的数量、厨房的整体氛围（杂物多或者少）等因素开始考虑的话，会更加容易选出适合自己的收纳瓶。

塞得满满的厨房

带有密封圈和木质瓶盖的现代风格类型。即使放在物品较多的场所也不会感到杂乱。

空荡荡的厨房

带有金属拉锁的常见类型，略显粗糙的瓶盖能够为东西较少的厨房增添一些充实感。

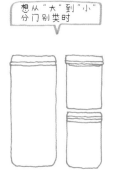

想从"大"到"小"分门别类时

如果要装量比较大的粉面，或者少量的调味品、香料时，可以选择这种标准化的产品，把东西收拾得整整齐齐。

需要大容量时

如果要装重达 5 千克的大米或果酒，可以选择这种圆柱形的容器。

用瓶子收纳的三项原则

估测尺寸

装一袋短意面需要 1.5 升的瓶子，5 千克大米需要 7 升的瓶子，砂糖、食盐选择用高 15 ～ 20 厘米的瓶子较为方便。

使用全密封的玻璃瓶

与靠螺纹拧上密封的瓶盖相比，带有密封圈的瓶盖密封性更好。

并排摆放三个以上更为美观

两只瓶子并排摆放虽无大碍，但三只以上的话会显得更加整齐划一、井井有条。

方便省心
冰箱让早晨和夜晚都

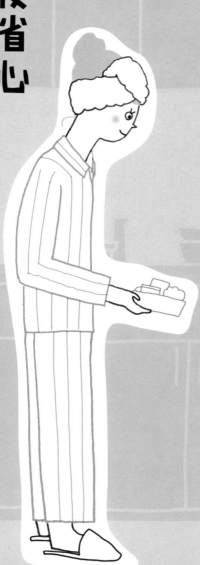

为了更好利用每天短暂的休息时间，必须尽快完成各种细碎的家务劳动。做好冰箱中的食物管理，可以帮你节省出不少的时间。

要想使冰箱用起来更加方便省心，最基本的原则是使用托盘。把用途相似的东西放在一处，这样在取用或寻找时能够节省不少时间。在众多托盘中，我尤其感到方便和有效的是专门摆上一个名为"马上要吃"的托盘。在你视线容易看到的冰箱下方部分，放一个B5纸张大小的水平托盘，诸如吃了一半的洋葱、豆腐之类的食物，都可以统统放入这个托盘内。放在这里的好处是，既方便寻找，也能防止因忘了吃而腐烂掉。

第二个省心的原则是安排好东西摆放的固定位置。将使用频率高、低的东西分开摆放，各归其位，将便于使用时进行寻找，从而省下不少时间。

原则 2：安排固定摆放位置

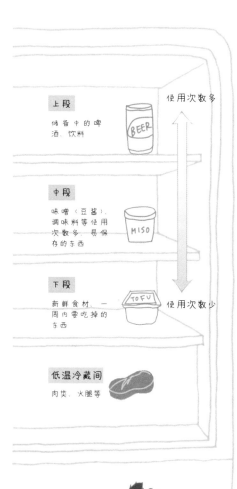

上段

储备中的啤酒、饮料

使用次数多

中段

味噌（豆酱）、调味料等使用次数多、易保存的东西

下段

新鲜食材，一周内要吃掉的东西

使用次数少

低温冷藏间

肉类、火腿等

蔬菜间

除蔬菜外，这里也可以放一些较高的瓶装调味品

原则 1：使用托盘

把果酱、黄油、咖啡牛奶集中放在一处，取用方便。

制作便当的食材都在这里

将制作便当用的食材、梅干等放在一起，做起来能省不少时间。

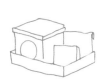

味噌汤酱托盘

放在身旁近处，烹调时取用起来方便、快捷。

"马上要吃"托盘

将数日内必须吃完的食材装在一个托盘里，放在显眼的位置。

省心的 早上！

如果提前将面包、咖啡等早上需要同时端上饭桌的东西放在一起，就能够节省下许多往返搬运的时间。

省心的 夜晚！

提前将做菜需要的食材、用品等放在一起，尤其不要忘了那些"马上要吃"的东西。

为便于明早使用，必须收拾整洁

极度疲劳时，把厨房打扫得干干净净后再睡觉，听起来几乎不可能。今天就不干了吧！要不，还是再坚持一下？……如果你有意用尽最后一点力气，不妨试着只把水槽、饭桌桌面这两处地方收拾干净。

这两处地方是厨房中最容易污损而且弄脏后最容易被

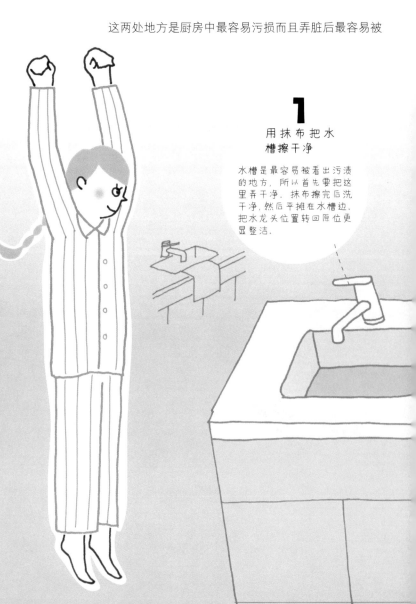

1
用抹布把水槽擦干净

水槽是最容易被看出污渍的地方，所以首先要把这里弄干净。抹布擦完后洗干净，然后平摊在水槽边，把水龙头位置转回原位更显整洁。

看到的地方。把端出来的东西放回原处，用抹布擦拭干净，只要做到这些，就能达成收拾整洁的效果。

打扫卫生是效果最为"立竿见影"的事情。煮饭、做菜可能达不到理想的味道，辛勤工作也可能收不到理想的成果，但是只要你动手打扫卫生，一定能收拾得干干净净。因此，尽管有些疲劳，只要稍加努力，就能够为一天的最后时光创造一份好心情。

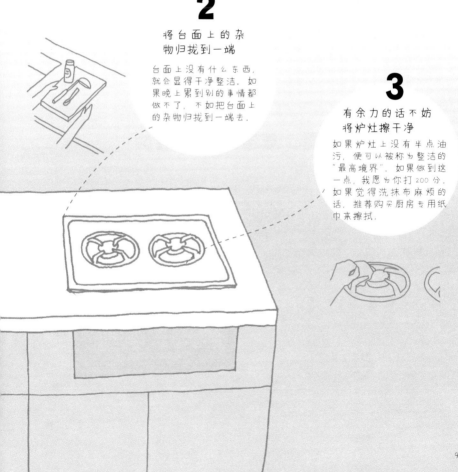

2

将台面上的杂物归拢到一端

台面上没有什么东西，就会显得干净整洁。如果晚上累到别的事情都做不了，不如把台面上的杂物归拢到一端去。

3

有余力的话不妨将炉灶擦干净

如果炉灶上没有半点油污，便可以被称为整洁的"最高境界"，如果做到这一点，我愿为你打200分。如果觉得洗抹布麻烦的话，推荐购买厨房专用纸巾来擦拭。

专栏

在饮食生活方面，婆婆是我的榜样

我丈夫的母亲非常擅长烹制蔬菜。每当制作汉堡牛肉饼时，她总会向煎锅内还空着的地方放上几片茄子。

煮意大利面时，她也会把小松菜和卷心菜一块放进锅里煮。

学到这种同时进行的技术后，我也试着把越来越多的蔬菜放进锅里。我并不介意专门做一道蔬菜，但是这种"顺带吃"的做法，让我自然而然养成了爱吃蔬菜的习惯。

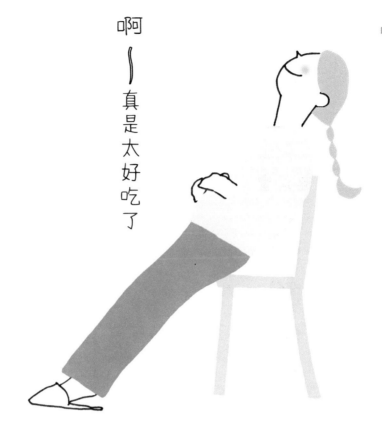

啊～真是太好吃了

我经常会在网上留意收藏一些不错的食谱信息，尤其是一些蔬菜的做法，但总是缺乏执行力。从婆婆那里，我学到了"不必刻意而为，坚持从点点滴滴中摄取蔬菜"的道理，这是饮食生活中的经验之谈。比起十条空洞的知识概念，付诸一次实践显然更有意义。

顺便说一下，平衡把握各种食材，是我婆婆的信条。虽然她已经70多岁了，仍然精力充沛。当我听见她说"我今天游泳游了多少千米""前段时间膝盖受了伤，锻炼了一下肌肉，感觉舒服多了"时，总是觉得十分羡慕。

4

CHAPTER

起居室

轻松休闲

啊，总算有了些时间，
好好休息一下吧。

吃饭的时候，什么也不要想，

就在起居室里放松一下如何？

看到有趣的东西放声大笑，

感受晚风徐徐吹来……

远离忙碌的生活节奏，

这样的时光对于精神健康必不可少。

在起居室里天马行空般尽情放松

如果起居室变得干净整洁，你想做什么呢？或许是什么都不想、轻松休闲地过一天？或许是重新开始从事自己的兴趣爱好？不如把朋友也叫过来吧？

就算只是想一想，也没关系。因为当你在思考发生在自己身上的好事和快乐的事情时，大脑已经得到了相当的放松。

手工、杂记，重启中断已久的小事

在娘家时爱做的事，以前一直想做的事，如果能够重新开始，该是多么令人高兴的事。

喝点啤酒，在窗户边上打个盹

喝点酒睡觉，简直就是尽情放松的代名词！

邀请朋友来吃饭

和朋友总是在户外一块玩耍，邀请她们来到家中也是一大乐事。

这样如何？

铺上野餐布，假装在郊游

没有餐桌也没关系，铺上野餐布，大家围坐在一起。

营造出咖啡馆的氛围。慢慢享受咖啡时光。

休闲时光中有了咖啡，夫复何求？

尽情读书

能够一口气把书籍和漫画读完，令人感动得快流泪了！

让起居室变得更加宜居舒适

回到家中，便有了一点自由的时间。你可以用来观看喜欢的动画片，也可以用来涂指甲。即使是一段短暂的时光，只要过得充实，心情都感到舒畅。

如果能够在一个宁静舒适的房间里做些自己喜欢的事情，那么一定会加倍感到当下内心的愉悦。

说到"宜居舒适的房间"，你或许会想到要把旧物收拾整齐，再添置一些新的家具，必定要经历一番苦战。但实际上，只需要把挡在眼前的一些清洁工具稍加移动，或者将房间里一些显得凌乱的杂物清走即可。

为了使自己宝贵的时间能够过得更加舒心顺意，我们必须从细节上作出一些改变！

从这些东西开始

移走清洁工具

为了用起来方便而就近堆放的清洁工具尤其显得不够整洁，最好能够统一收进储藏室中。

减少五颜六色的小物品

减少花花绿绿的小装饰品因为看起来很可爱，便将一些小装饰品随处摆放，这样会显得室内十分凌乱，可以试着适当减少一些。

化妆用品放入柜中

虽然都是常用的化妆品，但看起来实在有些凌乱，收纳进橱柜中后，房间立刻显得整洁许多。

99

寻找屋内最佳位置

你是否觉得工作日过于忙碌，闲暇时间太过有限，无法尽情得到休息？其实，即便是零零碎碎、见缝插针的一点时间，只要有一个安宁舒适的场所，也能过得充实和悠闲。

起居室里可以用来坐下的地方十分关键。人们在房间门口放眼望去，如果发现一处自己能够稍微"躲藏起来"的地方，身体就会感受到其中的宁静。例如喝咖啡时所坐的位置，与房间正中央相比，墙角会更加让人感到舒适。

现在你在起居室中的座位视野如何？有没有一种"躲藏感"呢？将自己的座位稍加调整，便能够获得更佳的休息体验。

如何找到屋内最佳位置

在房间门口放眼望去，如果发现一处自己能够稍微躲藏起来的地方，就是屋内的最佳位置。

找的时候不妨把靠垫也夹在怀中，随时坐下来体验。

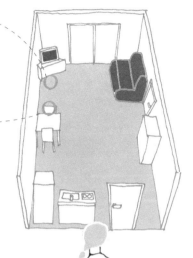

第一最佳位置

虽然放有电视机，但坐下后，从小窗中能眺望室外，也能放眼整个房间，所以这里就是房间内最适合休息的地方。

第二最佳位置

另一个最佳的休息点位于此处。虽然面对房门，但能放眼整个房间，同样会令人内心宁静。

寻找方法

① 将屋内四个角落都坐上一遍，筛选出感觉比较好的位置。

② 检查附近是否有房门、通道、过道等。

注意应避开这些地方

正中央让人感到难以放心

正中央缺乏"躲藏感"，让人感觉心中不安，还是应该靠向边缘。

房门附近人声嘈杂

房门处会由于担心有人进出而感到不安。

通道也会让人感到不安

连接房门和阳台的通道不适合用来休息。

1

坐在地板上

最简单的方法，是摆上靠垫

摆上靠垫，坐下来就可以了。靠在靠垫上轻松、悠闲地享受时光。这里就是属于你的全新专属座位。

接下来要做这些事
找到最佳位置后，

方法多种多样：无论是摆放靠垫小试牛刀，还是移动沙发改头换面，来，让我们移动到最佳位置。

现在的状态

现在的位置

摆上靠垫，在最佳位置上尽情放松。

如果想看看窗外，可以这样坐在靠垫上，也可以靠在墙上。

102

2

移动沙发

将家具移动到新的最佳位置上

将沙发移动到最佳位置上。与现在的位置相比离门更远，让人更感舒心。

3

面向窗户

重视"躲藏感"的风格

将沙发转向窗户，就看不到饭桌和厨房了，更能确保"躲藏感"。

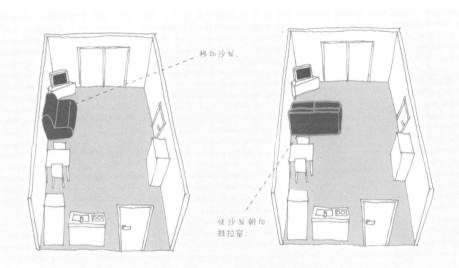

移动沙发。

使沙发朝向推拉窗。

尽量把电视摆在沙发对面的墙角。但如果还有其他人一同居住的话，路过时可能偶尔会挡住画面。

如果窗外的景色不错，现在的位置实在是无可挑剔。

坐下休息时的好伙伴

能够将原本无所事事的时光变得有趣起来，这是朋友和伙伴的功劳。就像将海苔和其他调味粉洒在白米饭上能够增进食欲一样，一些纺织品的"伙伴"也可以充实我们的休息时光。

靠垫、毛巾毯、毛毯……种类丰富的休闲"伙伴"大致可以分为两类："可以披在身上的"和"可以坐在上面的"。垫子使我们坐下后感觉更为舒适，毯子则可以取暖保温，有了这两样东西，我们可以坐得更久，甚至就想这样慵慵懒懒、舒舒服服地呆下去，就像在舒适惬意的窝里一样。

呼

呼

呼

摆在地上的 "伙伴"

身体倚在上面好好休息，垫子可以让我们坐在上面休息，如果选用稍微硬一些的材质，坐起来会更加舒适有型。

懒人沙发

感觉类似沙发，可以容下全身。

靠垫

比起化纤，内含物为棉的靠垫更为舒适。

坐垫

平坦的坐垫最适合坐在上面，最近也有一些形状、坐垫套设计偏西式的产品。

披在身上的 "伙伴"

暖暖地包裹在身上，把毯子披在身上，暖洋洋地坐着或躺着，千姿百态，自由自在的感觉让人心旷神怡。

毛毯

一大块柔软的毛毯，使用起来非常方便，现在流行的是稍微带些北欧风格的简洁花纹，和室内整体风格相呼应。

毛巾毯

夏季午睡必备物品，无论面料是纱布还是日式漂布，种类丰富，用起来十分舒适。

电热毯

在寒冷的季节可以用来暖脚，厚一些的款式更加暖和。

窗边风景
引人抬头欣赏的

想去海边，想进山里，疲劳时人们总想前往远方放松心情……这是多少人心中向往的事情。其实，不是远方也未尝不可，因为我们的家中还有窗户和阳台！

所以，我们要好好地打造窗户。如果窗外的景色心旷神怡，不妨就近躺下，感受着微风拂过，放松疲惫的心灵。

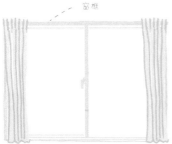

窗框

拉开窗帘就能看到对面的房子，十分遗憾……

遮住整个窗户，只留上下两端，便于通风。

放上绿色植物后，这扇窗户就有了引人抬头欣赏的风景。有从高处悬吊而下的，也有摆在低处窗框上的空气凤梨等植物。

1

改造后是这样的

这扇窗户总会让人想要拉起窗帘，不光是窗外景色一般，而且大批量生产的工业窗框让人觉得十分无趣。接下来，通过调整，将这些都遮掩起来。

2

用另一块窗帘把整个窗户遮盖起来。

用较薄的窗帘把窗户整个遮盖起来，但注意不要影响采光和通风。如果想再简单些，使用一块亚麻布也行。

3

高高低低地放一些绿色植物

窗户整个遮起后，不妨放一些绿色植物，让人感到身处大自然中。绿色植物可以从高处吊下，也可以摆放在低矮的窗框处，错落有致，十分漂亮。

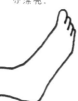

将普普通通的窗户好好布置一番

即使窗外景色一般也没有关系。

只要有清风和阳光，再稍微调整一下外观，就能

把窗户变得令人心旷神怡。

身体的休息，心灵的休息

　　"身体的休息"，是指睡觉、泡澡等，实施起来并不困难。可是，如果想得到"心灵的休息"，究竟要怎么做才能收到最好的效果呢？其实答案很简单，只要你放松下来，做些自己喜欢的事情就行了。在外工作时，我通常保持"全力踩油门"的状态。那么回到家后，只要切换为"全力踩刹车"就可以了。这样一动一静，达到平衡后，心灵便能得到休息。

如果工作繁忙，完全没有时间来做喜欢的事，不妨把家里收拾得整洁、温馨一些。这样回到家后，即使什么也不做，也能感到心情放松惬意。房间也是陪伴你休息的一位好"伙伴"。我们要借助各方力量，为自己每日的努力工作提供后援支持！

让人怦然心动的"最佳角落"

最佳手势、最佳表情、最佳台词……世界上有许多"最佳"，为什么不在家中找到一处"最佳角落"？在这个小角落里，你可以按自己的喜好进行装饰，为整个房间增添色彩。

在日常生活中，我们可能不喜欢某家店铺或某个人，但是想到他们可能也有一些值得佩服的优点和长处，也会渐渐原谅和释怀。

对于一个房间来说也是同样道理，虽然不能百分之百令人满意，但只要找到其中的"最佳角落"，便会使你由中立转向对它的喜爱。"最佳角落"就是一个房间的"长处"。

专注这个角落，全心全意打造。

从这两处地方开始布置：最佳角落：

"最佳"重在吸引眼球。

只要在主体物（绿色植物或花瓶）后方搭配一件附属物（绘画等）作为衬托，便能达到吸引眼球的效果。

作为衬托的附属物

可以用来衬托主体物，一般是绘画、剪贴画或者一排外文书籍。

尺寸	A4 大小
颜色	不如主体物显眼即可
位置	主体物后方

主体物

摆放自己喜爱的物品，如北欧风格的艺术或花瓶等。（由于后面作为衬托的是平面画作，所以最好选择有立体感的物体作为主体物）。

尺寸	稍大，20 厘米以上
位置	距离正中稍偏处即可

作为衬托的绘画底边应对齐主体物的中线。

如果有些看腻了，不妨调整一下！

调整 1：铺上底垫

在主体物下方垫上一块布或者方巾，看起来更加稳重。

调整 2：并排摆放一个稍矮的物品

搭配一个比主体物尺寸稍小的物品，使二者相互呼应。

改变室内氛围
幸运！用意外收入

即便只赚了五六百元，也可以去宜家之类的地方逛逛，买一棵附带竹筐套盆的绿色植物，或者一盏采用间接照明的台灯。如果有一千元，还能多买到一张小地毯和窗帘。布置完毕后，是不是很想邀请朋友来家里坐坐？

有了意外收入后，究竟要买些什么家居用品呢？不妨先在大脑里打个草稿吧。

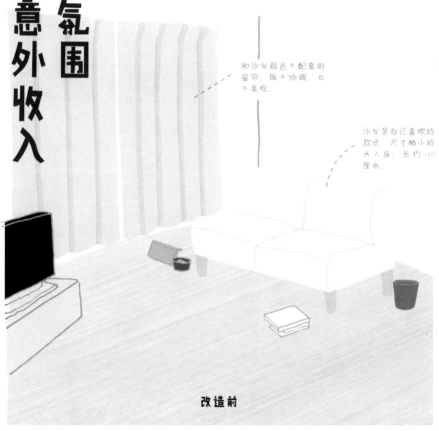

和沙发颜色不配套的窗帘，既不协调，也不美观。

沙发是自己喜欢的款式，尺寸稍小的两人座，长约 120 厘米。

改造前

原先的计划是希望通过尽量减少屋内的杂物而打造"简约"风格，结果杂物过少反而显得有些空空荡荡，单调无趣。身处这样的房间，就像和一个面无表情的人呆在一块，多少会感到有些寂寞。

沙发四周，梦想无限

花千元购买的7样东西改变了
室内氛围

窗帘与沙发统一色调后，房间显得更为整齐划一。 **1**

在间接照明的灯光旁闲坐，感到十分惬意。 **2**

3

6

4 一张边桌，用来摆放饮料十分方便。

7 地毯上的漂亮花纹成为室内布置的一处亮点。

5 以前有不少大件东西都要放在地板上，不如全部收纳进竹筐里，这样才显得整洁干净。

改造后

1、窗帘，2、灯架＋灯罩，3、靠垫＋内芯，4、边桌，5、竹筐，6、观叶植物，7、地毯

用不同寻常的方式转换心情

虽然大多数时间里，我们都是有目的地在起居室里做事。但有时候，是不是也可以在一些"意义不是太大"的事上花些时间呢？

如同把缓冲包装上的小气泡逐个挤破一般，一直埋头于同一件事的成就感令人心驰神往。通过点点滴滴地重复劳动，最终完成后心情将感到十分舒畅。如果能兼顾一下对房间进行收拾整理，一定可以取得比单纯消磨时间更大的收获。

拥有毛球清理机的话，能够更加集中精力。

剪除针织品上的毛球

使用T字形的剃须刀或者剪刀，小心翼翼地将毛衣上的毛球剪掉。

收拾化妆包

将包底散落的化妆品粉末擦拭干净。

用酒精擦拭更加有效。

整理指甲油

指甲油要立起来收纳，这样取用更加方便。

整理钱包

取出各种杂乱的小票，把卡片插回固定位置。

小票可以保管在A5尺寸的塑料夹里。

我最喜欢收拾针织服装上的毛球。一手拿着充电式的毛球清理机，将一件又一件的毛衣从上到下仔细清理干净。过程中头脑完全放空，达到忘我的境地。

听说人们在忙完一件事，开始另一件事情后，之前那件事所使用的大脑区域便会转入休息状态。偶尔做些不同寻常的事情，或许对转换心情也有所帮助。

有助于收拾东西，不妨购买一些

推荐的操作方式

总是拿着手机，使大脑得不到休息。不妨偶尔做些不同寻常的事情。

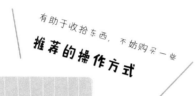

整理小票

喜欢保留小票的人，可以将小票按月份收纳在 A5 大小的透明塑料夹中，以便日后查阅。

检查笔是否还能写字

不经意间留了许多已经写不出来的笔，不妨全部扔掉。

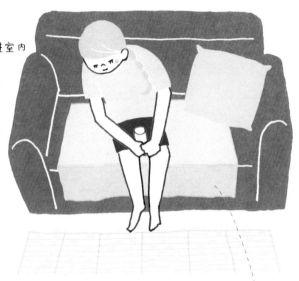

夏天要参照亚洲的避暑胜地

清清爽爽的夏天

让凉爽的清风吹进室内

在房间北侧、南侧分别开窗，改善通风条件，带走房间里的闷热感。还可以挂一只小风铃，使耳根也感到阵阵清凉。

干爽的沙发

将亚麻布铺在沙发上，感觉阵阵清凉，即便沾染汗水，清洗后也能很快晾干。

脚底铺上用灯芯草和棉花混纺而成的垫子

灯芯草和棉花混纺而成的脚垫，夏天光脚踩上去，感觉十分舒适。

与冬天
起居室的夏天

只要能处理好夏天的"闷热"和冬天的"寒冷"，起居室的一年四季都会令人舒适惬意。

为此，凡是接触身体的东西，特别是垫子、毯子这些"伙伴"们，都需要按夏季、冬季各自准备一套，到了时间拿出来使用即可，这是最简单

冬天要参照欧洲的滑雪场休息室

暖洋洋的冬天

用灯光烘托出温暖的氛围

装上白炽灯泡，虽然没有暖炉的作用，但也令人感到温暖舒适。

换上厚厚的靠垫套

换上羊毛或者其他较厚材质的靠垫套后，无论是摸上去还是看起来，都会感到十分暖和。

脚底也用上羊毛

寒从足起，必须做好脚部保暖。可以准备一些羊毛地毯和袜子。

的办法。即使是脚上穿的拖鞋，也应按照四季特点来调整更换。此外，夏天可以挂上风铃，冬天要有暖光灯泡，有了这些可以让眼睛和耳朵感到享受的物品，心情也会变得更加舒适。在不知不觉中时间悄悄流逝，总会使人感到惋惜，请用心体验每个季节的乐趣，享受一年四季的美好时光。

用五分钟大胆冥想

静

最近，冥想作为一种高端的大脑训练方式和改善心情的方法，在海外获得了很高的人气。冥想的目的是使纷乱的大脑重新恢复平静。冥想前，你不必想太多，只要在手机上设置5分钟的定时提醒，然后闭上眼睛。当有杂念产生时，你需要在脑海中集中注意力，想象高山、大海、河流等宏伟景色，以此排除杂念。当进行到第4分钟时，你就会有不一样的感觉。结束后，大脑能够体会到一种不同寻常的宁静感受。

脑海中

如果浮现出一些杂念，立刻进行吸气、吐气，过程中将注意力集中在自己呼吸的次数上。

肩膀

有时候肩膀会产生紧绷感，这时要慢慢放松双肩，弱化力量。

定时器

用手机设置一个5分钟的定时提醒。

手和脚

双盘腿坐姿，拇指贴在食指上，掌心朝上，放在膝盖上。

冥想的目的是让大脑恢复平静，我在实践时会注意这些要点。

让我们跳舞吧！

见 缝 插 针
的 5 分 钟

动

在短短五分钟时间里活动一下身体，能够使疲劳感顷刻消失。如果在工作日进行太多剧烈运动，反而会积累更多疲劳，不妨利用一些零敲碎打的时间，做做健身操吧。偶尔也可以干干"傻事"，因为家里就是自己的地盘！

活动身体有利于促进血液循环。

跳累了，洗澡去。

专栏　　　　　　我的一些闲聊
休息教给我的事情

这是我与一名因故暂时停职的朋友喝茶时发生的事情。

她意味深长地对我说，

"现在我再走以前上班的路时，能够发现路旁开着的小花"。

听了她的话，我深刻感受到，

所处的境遇不同，人们视野中的风景也是会变的。

或许这是因为，

在工作模式时，人们只会一个劲儿地朝前走，

视野相应变得十分狭窄、尖锐。

我的房间里摆放着一些花草，

但在我十分忙碌的日子里，

我几乎注意不到它们。有时候看到这些花儿时，

不禁想"最近的生活状态真是不太好啊"。

我会用摆放在房间里的花草和自己喜爱的工艺品，测试自己的心情状态。如果注意不到它们的存在，说明自己回到家后还在紧张地思考工作上的事情。当自己的思绪平缓下来后，便能够再次看见它们了。

回到家后，一定要好好休息一会儿。

5

CHAPTER

玄关及其他

为了明天

明天的我，
也要精神饱满。

充分休息后，

明天的我便有了饱满的精神。

到家时在大门前长舒一口气，

站在可以轻松挑选衣服的穿衣间内，

从明天开始，我也要心情愉快地，

过好每一天。

在家门口将自己调至「关机」模式

喀嚓一声，打开家门。说了声"我回来了"，便脱掉鞋子，然而头脑中还是塞满了工作上的事情。对于如此热爱工作的你来说，要真正开始休息，至少得等到洗澡、吃饭……然而太迟了！转换心情模式，必须在家门口就完成。

打开家门，看、摸、闻……通过摆放一些能够调动五官的物品，提醒自己"今天也辛苦了，已经到家了，好好休息吧"。这样做能够使自己以最快的方式进入休息状态。

要想真正用好每天短暂的休息时间，请在家门口将自己切换至"关机"模式！

OFF

切换至"关机模式"的自己

仍在"开机模式"的自己

ON

将自己切换至「关机模式」的方法

即使是无意识地回到家中，为避免自己带着工作进门，

可以在抵达家门口时提醒自己：啊，到家了……

也可以摆放一些能够调动五官，提醒自己的物品。

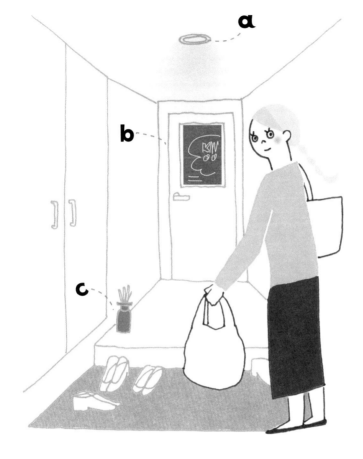

放上这些效果不错

用白炽灯的颜色提醒自己已经回到家中

白炽灯发出温暖的橙色光线。如果大门上方的顶棚灯正好坏了，不妨更换一只白炽灯泡，相信能够产生放松的氛围。

通过视觉进行切换

即便是累到无意识地打开房门，如果有一张漂亮的海报映入眼帘，便能提醒自己，已经回到家中了。在家门口停留的时间一般不会太长，所以海报鲜艳一些也无妨。

用香味提醒自己停止思考

嗅觉非常灵敏，每天只要闻到香味，便能提醒身体意识到"自己回家了"。无需明火制造的香味为宜。

「柔软」舒适的回家体验

柔软的门厅地毯

有的地毯因为有长长的绒毛而"柔软",有的地毯使用了"柔软"的材质,有的地毯因为有茂密的绒毛而"柔软",种类十分丰富。

在家门入口处脱鞋,或者走进卫生间时,如果脚底踩上一块柔软、蓬松的垫子,你是否会感到特别放松?

相比毛巾、靠垫接触双手和脸部,脚底踩上地垫和拖鞋时无意中感受到的"柔软"感,更能给人以意外的惊喜和愉悦。

噢!

因吸收空气中
的水分而柔软

柔软的纸巾

保湿型纸巾，完全不会
刮伤皮肤，用过一次后
再也忘不掉的舒适感受。

柔软的卫生间地垫

较厚的地垫更显"柔软"，
微纤维材质能够兼顾手感
和速干性。

"柔软"感是在公司和家门外
的世界中并不容易接触的一种感觉。
在减轻自己内心的疲劳感时，不妨
借助这种由地垫、纸巾、拖鞋带来
几乎只有在家中才能体验到的"柔
软"感受。

鞋背裁剪得好，
穿起来更加柔软
舒适。

柔软的拖鞋

分为鞋垫"柔软"型和整
体"柔软"型两种，棉质
的拖鞋穿起来既柔软又不
易起静电，也还不容易积
累灰尘。

成年人的"柔软"物品
最好使用天然色

虽然"柔软"的地垫惹人喜爱，
但如果颜色是粉色或者蓝色，会
显得房间风格有些孩子气。因此，
成年人最好还是选用天然色。

把衣服挂整齐能够带来好心情

一回到家，真累啊！于是把上衣脱下来随手一放。睡前偶尔会折叠一下，但有的日子也就懒得叠了。

这样的情景是常有的，但今年我一定要作出改变！只要在墙上装一些挂钩，便成功解决了这个问题。

回到家后直接来到挂钩前，然后将上衣挂上去……这样一来再也不会回到那些烦人的日子了。

如果把衣服撑起来挂在衣架上，一些异味就会自然散去。在挂钩上晾好后，睡前再拿到穿衣间去收好。如果这种稍加整理成为一种习惯，心情也会变得更加惬意自在。

不乱丢乱放，穿过的衣服用挂钩挂好

在穿衣间旁的墙壁上装一只挂钩。

这样一来，就能完美解决看到脱下的上衣乱丢乱放，后

心情不爽、觉得收拾起来十分麻烦等一系列问题。

距离墙角约 45 厘米

即使挂上衣架，距离墙角还有 15 ～ 20 厘米的空隙，能够避免损伤衣物。

距离地面 160 厘米左右

即使挂上长长的大衣，衣服底端也不会接触地面。

使用无印良品制造的"便于取下墙壁的挂钩"，即使是租来的房子也没关系。要想挂起大衣，承重能力需要在 2 千克以上。

有空闲的日子，不妨对衣服进行一些保养

刷去灰尘

从上至下，小心翼翼地刷去衣服上落着的灰尘。使用天然材质的刷子能够避免静电，也不容易沾染灰尘。

对付异味，可用喷雾+干燥的方法

异味的成分一般是些小分子颗粒，易溶于水，先喷雾，再干燥，异味成分就能随着蒸汽散去。晾干后记得收进衣橱内。

晚上九点，开始检查衣橱

有一位男性友人曾对我说到，"衣橱就像是女人的武器库"。的确，在衣橱里，紧密地排着许多让你感到"穿上后感觉充满能量"的重要装备——衣服。

我总想把衣橱好好收拾一番，以便自己有朝一日可以入迷地欣赏自己的衣服、陶醉于其中。为此，在稍有闲暇时间的晚上，我会对衣橱做一次小型检查。

把不怎么穿的衣服从衣橱中清理出去后，能够给其他衣物的取用带来很大便利。这种方法可以叫作"去掉过剩库存"。当你感到"再不清理衣橱，就放不下了……"的紧迫感时，收拾时手脚也会更加麻利。

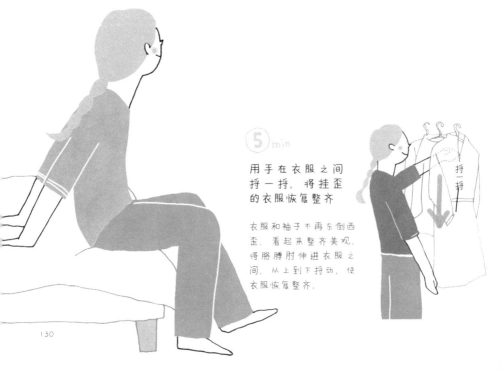

5 min

用手在衣服之间捋一捋，将挂歪的衣服恢复整齐

衣服和袖子不再东倒西歪，看起来整齐美观。将胳膊肘伸进衣服之间，从上到下捋动，使衣服恢复整齐。

捋一捋

更换款式统一的衣架

统一更换后，衣橱内部将变得更加美观和整齐！

为便于搬运，统一堆放在一起

将衣架和不穿的衣服装入纸袋，放在一起。

不再使用的衣架应及时处理

对于积压成堆、不再使用的衣架和购物袋，应及时进行清理，避免占用衣橱内的宝贵空间。

清理出绝对不会再穿的衣服

把已经没有"战斗力"的衣服找出来，扔与不扔另当别论，先把这些衣服从衣橱中清理出来，便是向前走了一大步。

明天就穿这件衣服了

如果希望早上尽量少为穿着打扮的事情操心，最好在时间充裕的前一天晚上提前定下第二天的衣着搭配。应在自己感到昏昏欲睡之前，抽出 2 分钟时间迅速做好决定。

将第二天准备要穿的衣服成套挂在衣架上，便可以从客观角度观察审视自己的着装，想来也是一件有趣的事。如果觉得色调"看起来有些灰暗"，可以马上增加一些亮色的搭配。

看起来确实不错

养成晚上的良好习惯，减少第二天早晨的匆忙

如果前一天晚上就决定好第二天的穿着，早上起来后只要轻轻松松穿上就行了。

这样做可以为忙碌的早晨带来些许从容。

将明天要穿的整套服装挂在衣架上

在衣架上挂好明天要穿的套装，然后从客观角度对衣服的搭配进行一番审视，避免出现不协调的问题。

也可以把衣架挂在挂钩上。

配饰也要在晚上提前选好

趁着衣服挂在衣架上，可以同时挑选配饰。虽然只是一件小事，但也为明天早上节约了不少时间。

把配饰统一收纳在盒中，挑选起来会更加方便。

迅速整理包包

接下来，顺便把提包内散乱的文件、文具等迅速整理一下。包理整齐后，心情也会变好。

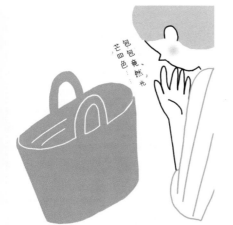

包四色 竟然 光

用 A4 大小的活页夹将各种资料分类整理。

想想明天有什么安排

决定服饰搭配前，先

根据明天的日程安排，让自己变身吧。是职业风格？还是有女人味？

既然想对衣服进行一番搭配，就要全力以赴。

各种活动撞在一起

明天有会议

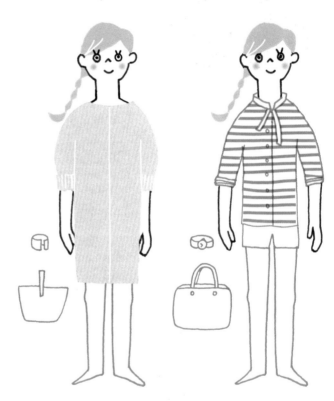

一套连衣裙就足够了

考虑上半身给人的印象

无论是会议、磋商或与朋友吃饭，连衣裙可以做到以不变应万变。如果正式场合较多，脖子周围最好包裹得紧一些。

入座后，衬衫和围巾能否给人留下好印象？进行搭配时，不妨多在脑海中想象一下自己穿上后的效果。

明天好像要下雨

要先考虑脚上穿什么

提前准备好一套防水的雨鞋和提包，方便下雨天取用。

没有特定安排

晚上要去外面吃饭

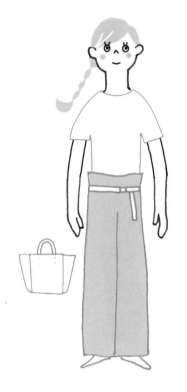

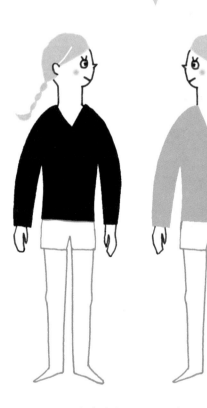

从最新购买的衣服开始考虑

无所事事的日子要穿出自己的风格，
不如让最近购买的新衣服首次亮相
登场？或者尝试一种新的组合？总
之，尽情享受快乐吧！

考虑色彩给人的印象

如果是去格调高雅的餐厅，应
该挑选色彩不显浮夸的深色衣
服。如果是前往欢乐的聚会，
就可以穿得靓丽、明快一些。

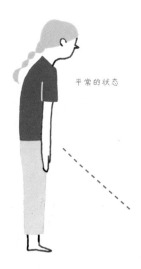

平常的状态

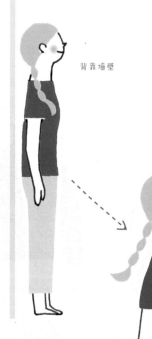

背靠墙壁

姿势优美的
女子诞生！

背部肌肉背靠墙壁，放松

　　如果短暂的休息让你恢复了一点体力，不妨挺起腰板，昂首挺胸地走上一会儿。如果不知道什么样的姿势才算标准，可以借助墙壁来确认。首先，背靠墙壁，笔直站好，脖子摆正后，保持这个姿势，笔直前行。看起来还不错吧？我也觉得自己精力充沛！

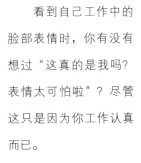

扬起嘴角，微笑

看到自己工作中的脸部表情时，你有没有想过"这真的是我吗？表情太可怕啦"？尽管这只是因为你工作认真而已。

在全神贯注的情况下，人们很难意识到自己整个脸部表情在不知不觉中会变得僵硬。对此，我们可以从笑容的起点入手——把嘴角微微向上扬起。仅仅因为嘴角上扬后出现的微笑表情，也会令人感到心情舒畅。

好像又有什么好事了？我有正能量，周围也会充满正能量。扬起嘴角，微笑！

今天也是一个新的开始

我出门去了！

充分休息后，头脑中的疲劳被清理一空，工作也会变得更加顺利。吃好每一顿饭，便能够将良好的状态一直保持到晚上。当身体得到充分放松时，心情也会感到格外舒畅……虽然每日生活中的

片刻休息都是一些微不足道的小事，但正是这些小事能够让自己重整旗鼓、振作起来。也许，这就是"脚踏实地"的一种表现吧。只要保持稳健的步伐，即使工作繁忙或日程紧张，相信你都能克服种种困难，在逆风大浪中保持平衡，坚定前行。这意味着你已经学会了如何保护自己，变得比以前更加强大。

那么，今天也会是一个新的开始。即使你在外面为了奋斗而拼尽全力，也没有关系。如果感觉自己有些累了，就回家去吧！家也正在等待着你归巢休息。

后记

因为工作的原因，我会遇到许多参加工作的女性。

有的是在大都市中努力工作的女性。有的则是在地方城市工作的女性。

有的女性为了养育孩子和工作忙得不可开交。

有的女性结婚、跳槽，为了适应新的生活环境而不断奋斗。

虽然大家都很忙碌，但从不会将疲倦挂在嘴边或写在脸上，

只是一个劲儿地在努力加油。当我看到这些女性的形象时，

顿时感到心中充满力量，为自己同样身为女性而感到骄傲。

为了使这样一群人日常生活中的"休息时间"能够尽量多一些，

我把这本书写了出来。

女性从生下来的一刻起，就像灯泡一般明亮。

或许没有人为此对你怀有感激之情，或者对你进行赞美，

但我相信，无论是家庭中、职场里，还是周围的人们，在看到你时，心中

都会充满明亮。

灯泡表面的玻璃外罩最容易受到损伤，但中间的光源发出的却是既温暖又明亮的光芒。

灯泡就是在这样既软弱又坚强的状态下，每天为我们带来光明。

只要我们每天都有一小段时间稍作休整，

便能像灯泡一样，透过洁净、完好的玻璃外罩持续发出自己的光芒。

虽然光线的强弱、照耀的场所各不相同，

大家都在各个地方静悄悄地为周围带去光明。

祝愿所有女性，都能在未来闪耀出更炽热更强烈的光芒！

川上雪
yl.

©民主与建设出版社，2018

图书在版编目 (CIP) 数据

轻活主义：精致猪猪女的生活图鉴 /(日) 川上雪编著；雷光程译 .
— 北京：民主与建设出版社，2018.7
ISBN 978-7-5139-2067-4

Ⅰ . ①轻… Ⅱ . ①川… ②雷… Ⅲ . ①家庭生活 – 基本知识
Ⅳ . ① TS976.3

中国版本图书馆 CIP 数据核字 (2018) 第 155616 号

KOKORO TO KARADA GA YASUMARU KURASHI ZUKAN
© YUKI KAWAKAMI 2017
Originally published in Japan in 2017 by X-Knowledge Co., Ltd.
Chinese (in complex character only) translation rights arranged with
X-Knowledge Co., Ltd. TOKYO,
through g-Agency Co., Ltd. TOKYO .

版权登记号 : 01-2018-5065

轻活主义：精致猪猪女的生活图鉴
QINGHUO ZHUYI   JINGZHI ZHUZHUNü DE SHENGHUO TUJIAN

出 版 人：李声笑
编   著：(日) 川上雪
责任编辑：王 颂
出版发行：民主与建设出版社有限责任公司
电   话：(010)59417747 59419778
社   址：北京市海淀区西三环中路 10 号望海楼 E 座 7 层
邮   编：100142
印   刷：小森印刷（北京）有限公司
版   次：2018 年 8 月第 1 版
印   次：2018 年 8 月第 1 次印刷
开   本：880mm × 1230mm 1/32
印   张：4.5
字   数：72 千字
书   号：ISBN 978-7-5139-2067-4
定   价：49.80 元

注：如有印、装质量问题，请与出版社联系。